DR. MED. VET. INA GÖSMEIER

Die fünf — Pferdetypen

in der Traditionellen Chinesischen Medizin

KOSMOS

☞ *Inhalt*

JEDES PFERD IST EINZIGARTIG

Von meinem Vater habe ich schon früh gelernt, dass kein Pferd dem anderen gleicht, sondern dass jedes Pferd eine einzigartige Persönlichkeit hat. Folgende Sätze gab er mir mit auf den Weg: „ Das Wesen des Pferdes wollen wir erfassen, seine Persönlichkeit achten und bei der Ausbildung nicht unterdrücken. Dann sind wir auf dem richtigen Weg." Danach richte ich mich strikt bei der Ausbildung und dem Training meiner Pferde.

Weisse Düne ist ein Lungentyp.

Alle meine Pferde, egal ob Dressur- oder Vielseitigkeitspferde erhalten ein vielseitiges, abwechslungsreiches Trainingsprogramm mit unterschiedlichen körperlichen und mentalen Aufgaben.
Aber reiten ist nicht alles – und deshalb tun wir noch einiges mehr, um die Gesundheit und das Wohlbefinden unserer Pferde zu unterstützen. Einen großen Anteil daran hat Dr. Ina Gösmeier, die ich schon seit über 20 Jahren kenne und schätze. Als klassisch ausgebildete Tierärztin wendet sie begleitend und unterstützend die Methoden der Traditionellen Chinesischen Medizin an. Ihre einfühlsame Art, mit Pferden umzugehen und sich auf sie einzustellen, fasziniert mich immer wieder. Sie gewinnt sofort das Vertrauen der Pferde und auch hochsensible Pferden lassen sich gerne von ihr behandeln. Jeder Pferdebesitzer kennt sein Pferd sehr gut und kann dessen Charakter, Sozialverhalten und Rittigkeit erkennen. Dank der Informationen von Dr. Ina Gösmeier kann ich alle meine Pferde einem der fünf Persönlichkeitstypen zuordnen und kann sie so bestmöglich verstehen und unterstützen – sei es im Training, im Umgang, im Stall oder auf Reisen. Ich weiß, warum der eine schnell lernt und immer ein bisschen mehr Ruhe braucht, warum der andere mit viel Abwechslung motiviert werden will,

Als reiner Lungentyp ist Weisse Düne jederzeit leistungsbereit und mit viel Übersicht ausgestattet.

aber dann ein sicheres Verlasspferd ist. Und ich habe gelernt, welcher Typ gut allein sein kann, und welcher einen Pferdefreund an seiner Seite braucht.

Besonders die Ausbildung und den Erfolgsweg meines früheren Championatspferds FRH Butts Abraxxas hat Ina Gösmeier intensiv begleitet. Von den schüchternen Anfängen bis zu den Olympischen Spielen wurde Braxxi von ihr unterstützt und gefordert. Aus dem kleinen schwarzen Pony wurde ein Champion.

Auch bei meinen Nachwuchspferden setze ich auf die Traditionelle Chinesische Medizin. Mithilfe der Akupunktur oder der Akupressur, die der Reiter und Pferdebesitzer selbst anwenden kann, bleibt der Körper und der Energiefluss des Pferdes in Harmonie. Das ist die beste Gesundheitsvorsorge, die ich kenne. Aber auch bei bereits bestehenden Krankheitssymptomen begleiten die Akupunktur und die TCM-Kräuterrezepturen die schulmedizinische Behandlung.

Ich bin froh, dass ich mit Dr. Ina Gösmeier eine so kompetente Tierärztin und Pferdefrau an meiner Seite habe, die mich bestmöglich berät und unterstützt.

Ich wünsche Ihnen viel Freude und Erkenntnisgewinn beim Lesen dieses Buches und ich hoffe, dass Sie Ihr Pferd danach noch besser verstehen und auf seine Persönlichkeit eingehen können.

Ingrid Klimke

DAS VERHALTEN DER PFERDE

Pferde sind Persönlichkeiten mit individuellem Verhalten und Eigenschaften. Im Sinne der Traditionellen Chinesischen Medizin (TCM) haben Erkrankungen immer einen geistigen und einen körperlichen Anteil. Erklärtes Ziel der Traditionellen Chinesischen Medizin (TCM) ist es, Erkrankungen so früh wie möglich zu erkennen, bevor sie chronisch werden oder ein Organ massive Veränderungen und das Pferd unheilbare Schäden entwickelt. Um dieses Ziel zu erreichen, werden in der Traditionellen Chinesischen Medizin kleinste Verhaltensänderungen und körperliche Probleme registriert und behandelt. Um diese Zeichen zu erkennen und zu verstehen, müssen folgende Grundlagen der Rasse Pferd beachtet werden:

Der gemütliche, freundliche Milz-Pi-Typ begrüßt das dominante Leber-Gan-Typ-Pony, das seine Reiter am liebsten abwirft.

Aus Sicht der TCM wird das Verhalten von Pferden durch ihren individuellen TCM-Typ bestimmt.

1. Pferde sind Fluchttiere und Vegetarier.
2. Als Fluchttier hat das Pferd Überlebensstrategien entwickelt, wie zum Beispiel extreme schnelle, körperliche Reaktion auf jede Änderung der Umgebung und jede Art der Therapie.
3. Zugefügter Schmerz erzeugt Angst und Widersetzlichkeit und führt zu Erkrankungen.
4. Atemwegserkrankungen erzeugen Stress und Angst, weil das Pferd bemerkt, dass es nicht genug Luft hat, um weglaufen zu können.
5. Empfinden Pferde Schmerzen, können sie nicht jammern, sondern werden immer stiller und apathischer.
6. Pferde reagieren empfindsamer auf das Verhalten der Menschen als auf laute Stimmkommandos.
7. Pferde versuchen, dem Menschen sehr früh durch Verhaltensänderungen mitzuteilen, dass sie sich nicht wohlfühlen.
8. Jede Reitweise kann Qi-Stagnationen und damit Schmerz erzeugen.
9. Pferde begrüßen sich untereinander und erwarten eine Begrüßung durch den Menschen.

Beim Betreten eines Stalles oder einer Weide mit Pferden reagieren die Pferde sehr unterschiedlich auf den Besucher. Da ist der muntere Neugierige: Er schaut vorwitzig aus der Boxentür, ist freundlich und wiehert vielleicht in Erwartung einer Leckerei. Aus einer anderen Box schaut der Missmutige: Er verspannt sein Maul, legt die Ohren an, schlägt mit dem Kopf und ist genervt. Man findet aber auch den langsamen Sorgenvollen.

Der dominante Leber-Gan-Typ zeigt seinen Ärger deutlich.

Der reagiert nicht auf den Eintretenden, sondern wendet sich weg zur hinteren Boxenwand.

Das Verhalten unserer Pferde stellt sich also in der gleichen Situation individuell sehr unterschiedlich dar.

Bei der Ausbildung, der Rittigkeit, Gesunderhaltung und Behandlung im Sinne der Traditionellen Chinesischen Medizin ist die Beurteilung dieses individuellen Pferdeverhaltens wichtig. Hilfreich ist dabei die Zuordnung zu den fünf verschiedenen Traditionellen Chinesischen Pferdetypen. In der Mehrzahl der Fälle wird der Leser sein Pferd bei den Beschreibungen wiedererkennen. Kann er das nicht, muss er mit einem Akupunkteur in Verbindung treten, da dieser aufgrund seiner Erfahrung und der Puls- und Zungendiagnose eine Einordnung vornehmen kann.

Schon kleine Verhaltensänderungen weisen auf ein beginnendes Problem hin. Deshalb sollte der Reiter und Pferdebesitzer den Typ seines Pferdes aus Sicht der Chinesischen Medizin erkennen können, um dadurch Erkrankungen früh vorbeugen und verhindern zu können. Die Bestimmung von Pferdekonstitutionstypen bedeutet nicht, dass das Pferd krank ist, sondern ermöglicht eine Zuordnung zu einer chinesischen Wandlungsphase. Dadurch werden die Schwächen, aber auch die Stärken des einzelnen Tieres erkannt. Zum Beispiel ist ein im Gan- oder Leber-Typ stehendes Pferd besonders im Frühjahr anfällig gegen Infektionen, während ein Shen- oder Nieren-Typ eher in der kalten Jahreszeit erkrankt. Jeder Reiter weiß, wie unterschiedlich die Pferde beim Ausritt im Wald auf einen unbekannten Gegenstand reagieren. Da gibt es den Ängstlichen, der sofort kehrtmacht, der Zornige, der nicht einsieht, dass er die Reiterhilfen annehmen muss und sich letztlich ärgerlich gegen den Reiter wehrt, und der Gemütliche, der langsam ohne Aufregung an allem Neuen vorbeigeht und sich über die Aufregung der anderen Pferde wundert. Dieses individuelle, jedem Pferd eigene Verhalten lässt erste Rückschlüsse auf seinen Pferdtypus zu und hilft, Lösungen bei Rittigkeitsproblemen zu finden.

Der Pferdetyp wird aber nicht nur durch das Verhalten, sondern zusätzlich auch durch seinen Körperbau und sein Zungenverhalten charakterisiert. Betrachtet man den Körper der Pferde, so gibt es solche mit klaren Beinen und stark ausgeprägten Gelenken und großen Hufen, andere haben schwammige Beine und weisen die Tendenz zu „angelaufenen" Beinen auf. Diese Beine werden durch die Bewegung wieder dünn, häufig findet sich der gleiche Zustand aber am nächsten Tag wieder.

Die Muskulatur jedes Pferdes ist unterschiedlich. Einige haben eine relativ feste, angespannte Muskulatur und reagieren mit Abwehrbewegungen, sobald sie geputzt werden, wie zum Beispiel der Leber-Gan-Typ in Disharmonie. Andere haben eine weiche, schwammige Muskulatur und einen Hängebauch und fühlen sich mit jedem Anfassen wohler; damit entsprechen sie dem Milz-Pi-Typ.
Jeder Pferdebesitzer kennt einzelne Pferde, die sich ohne Probleme die Zunge aus dem Maul ziehen lassen und das Spielen mit der Zunge als angenehm empfinden. Meistens ist diese Zunge relativ groß, weich und feucht mit viel Speichel. Häufig haben diese Pferde ein großes, weiches Maul, mit langer Maulspalte und leicht herunterhängender Unterlippe. Dieses Zungenverhalten ist typisch für den Pi-Milz-Typ.
Andere Pferde ärgern sich und wehren sich mit aller Macht, sobald man versucht, das Maul zu öffnen und die Zunge zu ergreifen. Die Zunge ist klein, rot und fest und schlüpft einem sofort aus der Hand. Sich ärgern ist ein grundlegend wichtiges Zeichen für die Erkennung des Leber-Gan-Typs. Wichtig ist, alle Merkmale eines Pferdes zu registrieren, zu sammeln und anschließend in die Bestimmung und Beurteilung des Pferdetypus einfließen zu lassen. Alle wichtigen Informationen, die Sie hierfür benötigen, finden Sie in den folgenden Kapiteln.

Der vertrauensvolle, friedfertige Lungen-Fei-Typ nimmt aufgeschlossen an seiner Umwelt teil.

GRUNDLAGEN — *der Traditionellen Chinesischen Medizin (TCM)*

DIE LEHRE DER FÜNF WANDLUNGSPHASEN IN RELATION ZU DEN PFERDETYPEN

Die fernöstliche Medizin hat einen anderen Blick auf Gesundheit und Gesundheitsvorbeugung als wir in unserer westlichen Denkweise. Daher ist es wichtig, sich zu Beginn kurz mit einigen Grundlagen der Traditionellen Chinesischen Medizin (TCM) zu beschäftigen. So lassen sich die verschiedenen Themen und Aussagen später besser einordnen und verstehen.

Im Sinne der TCM haben Erkrankungen immer einen geistigen und einen körperlichen Anteil. Dies bezieht sich nicht nur auf den Gesamtorganismus, sondern auch auf einzelne Organe. Im Sinne der ganzheitlich ausgerichteten TCM gibt es zu jedem Organ immer einen körperlichen und einen psychischen Aspekt.

Zum Beispiel ist die Leber (Gan) für den harmonischen Fluss von Qi (Lebenskraft) zuständig, dadurch bewegt sich das Pferd elastisch und kann die Reiterhilfen leicht umsetzen. Entwickelt sich eine Leber-Qi-Stagnation, entstehen Wut und Ärger, die beim Pferd zu Widersetzlichkeit, zu Steigen, Bocken und Beißen führen können.

Die Niere (Shen) ist für Wachstum und Fortpflanzung zuständig und führt bei einer Disharmonie zu vermindertem Selbstbewusstsein. Pferde werden dadurch sehr ängstlich und neigen zum Durchgehen oder erschrecken sich andauernd. Deshalb werden Verhaltensveränderungen in der Traditionellen Chinesischen Medizin besonders viel Beachtung geschenkt, weil sie häufig erste Anzeichen einer entstehenden Störung sind. Sie weisen auf Erkrankungen hin, bevor körperliche Veränderungen auftreten. Ein Pferd, das den Reiter immer mit freundlichem Wiehern begrüßt hat, aber plötzlich beginnt, sich wegzudrehen, wenn der Reiter kommt, zeigt, dass es sich

In jeder Pferdepopulation lassen sich die fünf Typen finden.

unwohl fühlt. Deshalb sollen schon kleine Disharmonien erkannt und behoben werden. Auch in der westlichen Medizin wissen wir, dass Wut, Angst oder geistige Überforderung Ursachen für Erkrankungen wie Burn-Out sind, differenzieren diese Emotionen aber nicht in Hinblick auf chronische Erkrankungen unserer Pferde.

DIE WANDLUNGSPHASEN

Die chinesische Weltsicht erkennt den Gang der Natur vor allem im fortwährenden Wandel ihrer Erscheinungen. Das bedeutet für alle Lebewesen, dass sie den sich ständig wandelnden, unterschiedlichen Bedingungen ihrer natürlichen Umwelt ausgesetzt sind, von diesen beeinflusst werden und sich ihnen anpassen können.
Das reicht von jahreszeitlichen Wetterwechseln über die Zusammensetzung und Beschaffenheit der Nahrung bis hin zu emotionalen Belastungen.
Um dieses Geschehen hinsichtlich seiner gesundheitlichen Auswirkungen beschreibend zu erfassen, wurde die Lehre der fünf Wandlungsphasen geschaffen.
Aus Sicht der Chinesischen Medizin werden fünf Organpaare gebildet:

— Leber/Gallenblase
— Herz/Dünndarm
— Milz/Magen
— Lunge/Dickdarm
— Niere/Blase

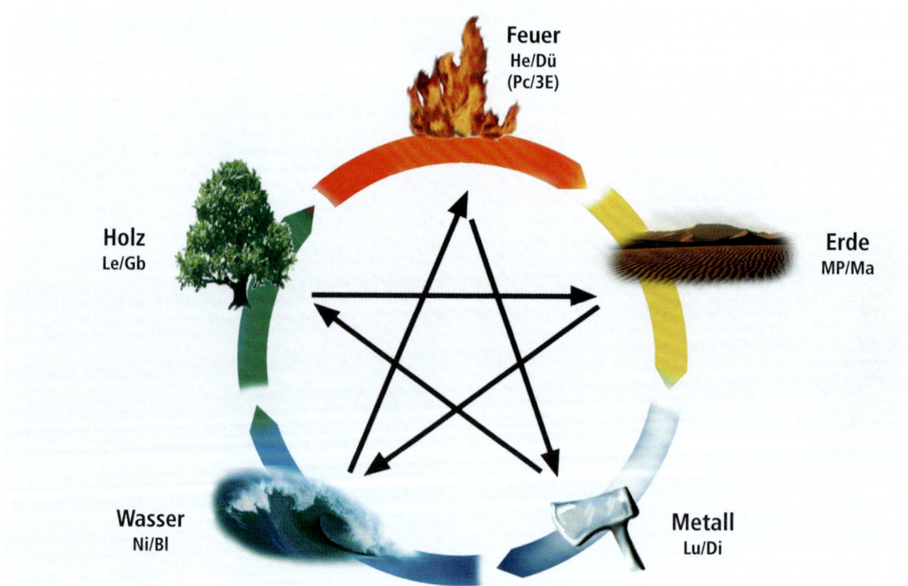

Die Lehre der fünf Wandlungsphasen stellt die Grundlage für die Bestimmung der fünf Pferdetypen nach der Traditionellen Chinesischen Medizin dar.

Diese Organpaare werden in einer bestimmten Reihenfolge in einem Kreis angeordnet. Sie werden als Wandlungsphasen bezeichnet und beeinflussen sich gegenseitig.
Diese Theorie der fünf Wandlungsphasen wurde 2000 vor Christus etabliert.
Jede Wandlungsphase entspricht bestimmten Elementen, z. B. Leber/Gallenblase dem Element Holz oder Niere/Blase dem Element Wasser. Außerdem werden jeder Wandlungsphase spezielle Charaktereigenschaften zugesprochen, die den Charaktertyp beschreiben und sich in Harmonie oder Disharmonie befinden können.
Die ersten drei Typen sind auch für Laien gut zu erkennen. Etwas schwieriger zu bestimmen sind Lungen-Fei- und Herz-Xin-Typen. Bei bestehenden Unsicherheiten

DIE FÜNF WANDLUNGSPHASEN

Holz	木 Mu-Holz	Leber/Gallenblase
Feuer	火 Huo-Feuer	Herz/Dünndarm
Erde	土 Tu-Erde	Milz/Magen
Metall	金 Jin-Metall	Lunge/Dickdarm
Wasser	水 Shui-Wasser	Niere/Blase

Entsprechend dieser fünf Wandlungsphasen werden Pferde in fünf konstitutionelle Typen eingeteilt.

Leber = 肝 Typ= 型, Pferd = 马 daraus ergibt sich 肝型马

— Leber-Gan-Typ	肝型马
— Nieren-Shen-Typ	肾型马
— Pi- oder Milz-Typ	脾型马
— Xin- oder Herz-Typ	心型马
— Fei- oder Lungen-Typ	肺型马

Modern Classic – ein kraftvoller Leber-Gan-Typ – überzeugt in der Dressur auf hohem Niveau.

kann aber ein TCM-Tierarzt mit einer Pulsdiagnose helfen.
Es gibt viele Pferde, die ausschließlich einem Pferdetyp zugehören, es gibt aber auch Mischtypen, so kann ein Leber-Typ z. B. eine Milzkomponente aufweisen und wird als Leber-Milz-Typ bezeichnet.
Eine chinesische Typbeschreibung hilft dem Pferdebesitzer und Reiter, sein Pferd besser einzuschätzen, es gezielt zu fördern und mögliche Rittigkeitsprobleme differenzierter zu bewerten. Es muss immer betont werden, dass die Zuordnung zu einem Pferdetyp niemals negativ ist. Vielmehr werden Stärken und Schwächen des Konstitutionstyps des Pferdes aus Sicht der Traditionellen Chinesischen Medizin aufgezeigt, die für die einzelnen Typen charakteristisch sind. Wird das Pferd in seinen positiven Charaktereigenschaften

gefördert, kann es sich hervorragend entwickeln. Seine Rittigkeit wird verbessert und es wird auch den Anforderungen des Reiters willig folgen. Wir sagen, das Pferd befindet sich entsprechend seinem Typ in Harmonie.
Wird das Pferd körperlich oder psychisch überbelastet, treten die Schwächen seines Typs in den Vordergrund. Das Pferd reagiert zum Beispiel unwillig, ängstlich oder widersetzlich und wird in der Folge krank. Das Pferd entwickelt dann eine Disharmonie in seinem Typ.
Vorteile bei der Bestimmung des Pferdetyps auf Grundlage der Chinesischen Medizin:

- Erkennen der Stärken und Schwächen des Pferdes
- Erhalten der Gesundheit
- Optimale Förderung
- Rittigkeit verbessern
- Verhaltensprobleme lösen
- Verbindung zwischen Reiter und Pferd festigen

Die Bestimmung des Pferdetyps ist nicht nur für Reiter und Pferdebesitzer interessant, sondern auch für die Behandlung von Tierarzt und Akupunkteur. Anhand des Pferdetyps kann der Akupunkteur zum Beispiel eine Prognose über Krankheitsverlauf und Krankheitsdauer abgeben, und auch in der Therapie hat der Pferdetyp Einfluss auf Entscheidungen. Je nach Pferdetyp entscheidet der Akupunkteur, ob seine Behandlung ausleitenden oder stärkenden Charakter haben wird, wie viele Akupunkturnadeln er einsetzt und in welchen Intervallen eine Wiederholung der Behandlung erfolgen sollte.

Unzufriedenheit führt zu Widersetzlichkeit.

VORGEHENSWEISE BEI DER TYPBESTIMMUNG

Manche Pferdebesitzer denken irrtümlich, dass die Bestimmung des Pferdetyps bedeutet, dass ihr Pferd krank ist. Dies ist nicht der Fall. Die Typenbestimmung ermöglicht die Zuordnung des Pferdes zu einer der fünf Wandlungsphasen. Dadurch werden Schwächen, aber auch Stärken des Tieres erkannt. Die individuelle Reaktion eines Pferdes auf die Anforderungen des Menschen, auf Übungen und Behandlungen hängt vom Typ ab. Die Kriterien, nach denen die Zuordnung der Pferdetypen erfolgt, sind: die Psyche,

das Sozialverhalten, die Körpermerkmale und die Rittigkeit.
Bei den Beschreibungen und Zuordnungen wird deutlich, dass jeder Typ Vorteile und Nachteile hat, das heißt, es gibt keine besseren oder schlechteren Typen, sondern einfach verschiedene Persönlichkeiten. Jeder Typ trägt Eigenschaften, die je nach Anforderung und Lebensphase mehr oder weniger deutlich in den Vordergrund treten. Ein Beispiel schafft Klarheit: Der Leber-Typ ist, positiv betrachtet, ein dominantes, mutiges Pferd. In der Hand eines ängstlichen Reiters, der mit diesen Eigenschaften nicht umgehen kann, wird dieses Pferd jedoch schnell zu einem frechen Rebell.

PSYCHE

Schon kleine Verhaltensänderungen beim Pferd weisen auf ein beginnendes Problem hin. Deshalb sollte der Reiter und Pferdebesitzer den Typ seines Pferdes aus Sicht der Chinesischen Medizin erkennen und dadurch Erkrankungen früh vorbeugen und verhindern können.
Den psychischen Merkmalen wird in der TCM große Beachtung geschenkt. Jeder Reiter weiß, wie unterschiedlich die Pferde beispielsweise beim Ausritt im Wald auf einen unbekannten Gegenstand, z. B. einen Holzstoß, reagieren. Da gibt es das ängstliche Pferd, das sofort kehrtmacht, um davonzurennen, das freche Pferd, das gegen die Reiterhilfen rebelliert, und das gemütliche Pferd, das langsam und unaufgeregt allem Neuen begegnet. Dieses individuelle, jedem Pferd eigene Verhalten gibt wertvolle Hinweise darauf, zu welchem Typ das Pferd gehört.

Spielen harmonisiert das Gemüt.

SOZIALVERHALTEN

Das Verhalten der Pferde innerhalb der Herde ist sehr bedeutsam und aussagekräftig. Bei Pferden, die in Boxenhaltung leben, kann man das individuelle Verhalten in der Weidegruppe oder gegenüber dem Boxennachbarn beobachten und einordnen. Zuerst sollten diese Verhaltensweisen registriert werden. Ein Gan- oder Leber-Typ ist in der Herde ein Alpha-Pferd, er wird diese Position anderen Pferden gegenüber verteidigen. Das ist besonders gut zu beobachten, wenn es zu einer Neubesetzung innerhalb der Herde kommt. Im Vergleich dazu hat ein Shen- oder

Pferde erklären einander, welcher Typ sie sind.

Nieren-Typ niemals diese Art von starkem Selbstbewusstsein. Er geht jedem Streit aus dem Weg, ist anderen Pferden untergeordnet und braucht zur Stärkung seines Selbstbewusstseins einen sicheren Reiter. Sein Selbstbewusstsein ist niemals so ausgeprägt wie beim Leber-Typ. Wird der Shen-Typ in der Herde gemobbt, kann er überängstlich und krank werden. Diese Pferde müssen besonders gut beobachtet werden, wenn sie in einem Aktivstall leben. Häufig trauen sie sich nicht, sich in der Nacht hinzulegen, und leiden an chronischem Schlafmangel.

KÖRPERMERKMALE

Der Pferdetyp wird nicht nur durch das Verhalten, sondern auch durch folgende körperliche Merkmale charakterisiert:

- Körperbau,
- Bewegungsablauf,
- Aufbau und Ausprägung der Muskulatur,
- Farbe der Schleimhäute,
- Zungenverhalten,
- Pulsqualität,
- individuelle Reaktionen auf Erkrankungen.

Betrachtet man den Körperbau der Pferde, so gibt es z. B. solche mit stark ausgeprägten Gelenken, großen Hufen und der Tendenz zu „angelaufenen“ Beinen. Diese Beine werden durch Bewegung wieder dünn, häufig findet sich der angelaufene Zustand aber am nächsten Tag wieder. Diese Neigung entspricht dem Milz-Pi-Typ und ist normal für diesen Typ. Andere Pferde haben relativ kleine Gelenke und Hufe und niemals angelaufene Beine, wie z. B. der Lungen-Fei-Typ. Pferde mit einem vitalen Bewegungsdrang lassen sich gerne ausbilden. Dazu gehört der Milz-Pi-Typ selten. Der ruhige, gemütliche Milz-Pi-Typ genießt es, im Stand seine Umwelt zu betrachten. Er fürchtet sich nicht und ist stets ausgeglichen.
Die Muskulatur ist in ihrer Ausprägung und Funktion unterschiedlich ausgebildet. Einige Pferde weisen eine gut ausgebildete, aber relativ feste, angespannte Muskulatur auf und können mit Abwehrbewegungen reagieren, wenn nur die Haut berührt wird. So reagiert der dominante Gan-Typ. Andere haben eine weiche, schwammige Muskulatur und fühlen sich bei jedem Anfassen wohler, diese Muskulatur entspricht dem Pi-Typ. Besonders aussagekräftig ist das Aussehen der Zunge und Schleimhäute. Dies kann auch der Laie gut beurteilen. Jeder Pferdebesitzer kennt einzelne Pferde, die sich ohne Probleme die Zunge aus dem Maul ziehen lassen und das Spielen mit der Zunge als angenehm empfinden. Meistens ist diese

Gemütlichkeit zeichnet den Milz-Pi-Typ aus.

Zunge relativ groß, weich und mit viel Speichel befeuchtet. Häufig haben diese Pferde ein großes, weiches Maul mit langer Maulspalte und leicht herunterhängender Unterlippe. Diese Pferde entsprechen dem ausgeglichenen Pi- oder Milz -Typ.

Andere Pferde wehren sich mit aller Macht, sobald man versucht, das Maul zu öffnen und die Zunge zu ergreifen. Die Schleimhäute sind rot und die Zunge ist klein und fest und schlüpft sofort aus der Hand.
Sie kennzeichnen den dominanten Leber-Gan-Typ.
Die Pulsuntersuchung ist aus Traditioneller Chinesischer Sicht ein bedeutendes Kriterium. Die Pulsqualität ist wichtig, falls der Typ nicht eindeutig bestimmbar ist. In solch einem Fall wird ein versierter Akupunkteur den Puls beurteilen und den Pferdetyp der Wandlungsphase zuordnen. Für Laien sind die Pulsqualitäten schwer zu fühlen.
Krankheitsanfälligkeit und Heiltendenzen lassen ebenfalls eine Aussage zu, zu welchem Typ das Pferd gehört. Zum Beispiel ist ein im Gan-oder Leber-Typ stehendes Pferd besonders im Frühjahr anfällig für Infektionen, während ein Shen-oder Nieren-Typ eher in der kalten Jahreszeit erkrankt.

Dem Milz-Pi-Typ gefällt das Anfassen seiner Zunge.

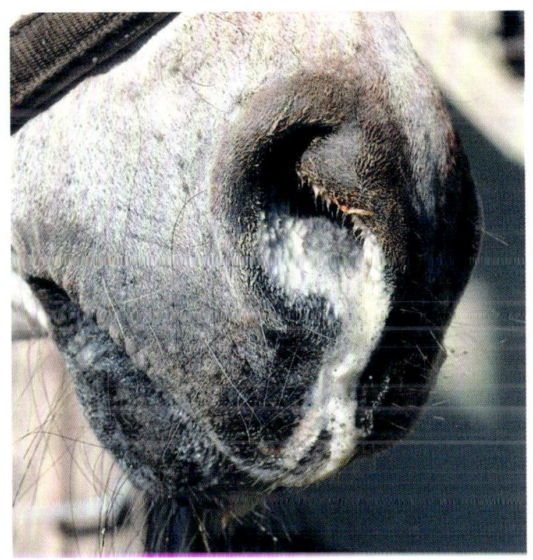

Der Nieren-Shen-Typ neigt im Winter zu Erkältungen.

Die Gelassenheit seiner Weidekollegen überträgt sich auf den ängstlichen Nieren-Shen-Typ.

RITTIGKEIT

Motivation, Losgelassenheit, Freude am Erlernen von Lektionen, Gedächtnis und Schnelligkeit im Erfassen der Reiterhilfen äußern sich bei jedem Pferdetyp nach der Traditionellen Chinesischen Medizin anders. Reiter können mit jedem Pferd herausragende Ergebnisse erzielen, wenn sie auf die Individualität ihres Pferdes Rücksicht nehmen und das Trainingsprogramm darauf einstellen. Ein spektakuläres Pferd im Leber-Gan-Typ kann außerordentliche Ergebnisse erzielen, wenn es nicht die meiste Zeit verärgert ist. Unsichere Pferde im Nieren-Shen-Typ sind nicht wütend, sondern schnell ängstlich. Sie versuchen immer, ihren Reiter zufriedenzustellen, benötigen dafür aber auch ausreichend Zuwendung. Ihr Selbstvertrauen zu stärken, ist dabei essenziell, da sie sonst überängstlich werden. Ein Pferd, das im Pi-Typ steht, ist sehr zuverlässig und unerschrocken, oft jedoch auch faul. Es braucht Leistungstraining, um eine gute Kondition zu erreichen und um Leistung zeigen zu können.

Fazit: Wichtig ist, alle Merkmale zu registrieren, zu sammeln und anschließend in die Bestimmung und Beurteilung des Pferdetyps nach der Traditionellen Chinesischen Medizin einfließen zu lassen.

ZUNGENDIAGNOSE UND PULSTASTUNG

Die Traditionelle Chinesische Medizin sieht die Betrachtung der Zunge und die Pulstastung ebenfalls als wichtige Bestandteile bei der Beurteilung eines Pferdetyps.

ZUNGE

Bei der Zungendiagnose werden die Farbe, die Form, die Spannkraft und der Belag der Zunge beurteilt. Während der Mensch auf Kommando die Zunge herausstreckt, ist es beim Pferd relativ schwierig, ein unverfälschtes Zungenbild zu bekommen, da das Ins-Maul-Greifen und das Herausziehen der Zunge dem Pferd Stress bereiten kann. Für die Typbestimmung geben das Zungenverhalten und die Farbe der Zunge ausreichend Auskunft. Bei inneren Erkrankungen sollte aber auf jeden Fall die Zunge genauer betrachtet werden.

Die Zunge ist ein Spiegelbild des energetischen Zustandes des Patienten. Die Form des Zungenkörpers und seine Farbe geben wichtige Hinweise über das Gleichgewicht im Inneren des Körpers. Die einzelnen Organe korrespondieren mit festgelegten Arealen auf der Zunge. Verändern sich diese Orte in Farbe und Beschaffenheit, ist dies ein Hinweis auf eine Störung im zugeordneten Organ.

BELAG DER ZUNGE

Beim Pferd ist der Zungenbelag nicht so deutlich ausgeprägt wie beim Menschen. Der Zungenbelag ist auch von der Nahrungsaufnahme abhängig. Der Milz-Pi-Typ hat immer einen feuchten, durchscheinenden Zungenbelag, der Nieren-Shen-Typ hat eher keinen Belag.

DIE ZUORDNUNG ZU DEN ORGANEN

Die Zungenspitze wird dem Herz zugeordnet. Wird die Zungenspitze bläulich, rot oder weiß, liegt eine Störung im Herz- und Kreislaufsystem vor.

In der Mitte der Zunge wird der Magen und die Milz betrachtet. Risse in dieser Gegend treten bei Magengeschwüren auf. Im Bereich der Zungenwurzel liegt der Bereich Blase/Niere. Die Seitenbereiche informieren über Leber und Gallenblase. Zwischen Herz und Magen/Milz liegt das Areal der Lunge.

GRÖSSE UND FORM DES ZUNGENKÖRPERS

Die Zunge sollte bequem im Unterkiefer liegen und weder zu groß noch zu klein wirken. Eine schlaffe, sehr groß erscheinende Zunge mit seitlichen Zahneindrücken weist auf eine gestörte Milz-Pankreas-Funktion hin. Eine zu kleine Zunge kann auf eine Störung im Haushalt der Körperflüssigkeiten oder auf das Eindringen des pathogenen Faktors Kälte hinweisen. Eine sehr dicke, bläuliche, gestaute Zunge tritt bei einer Qi-Stagnation auf.

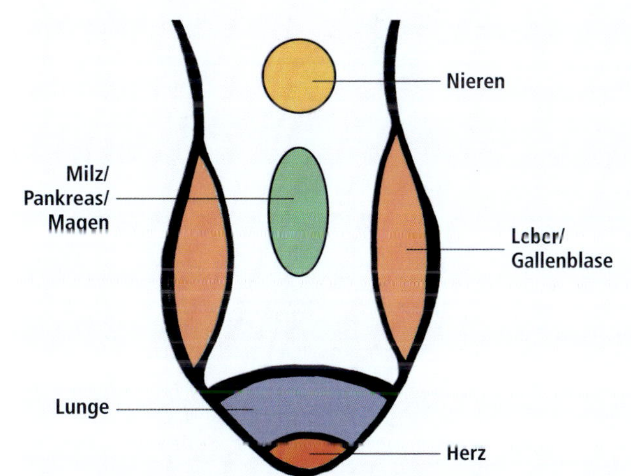

Veränderungen verschiedener Zungenbereiche lassen Rückschlüsse auf den Zustand der Organe zu.

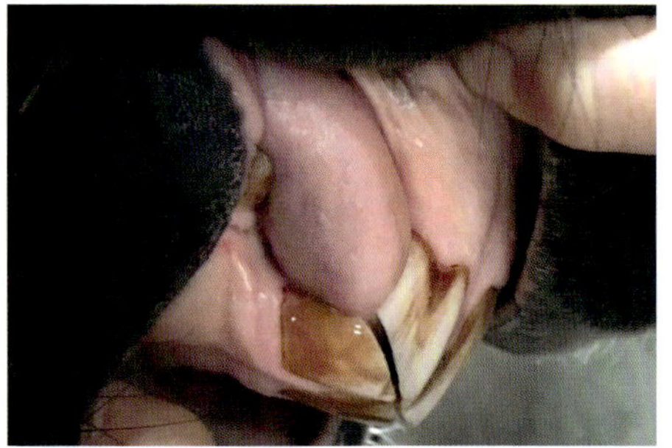

Der Milz-Typ hat eine rosa, feuchte Zunge.

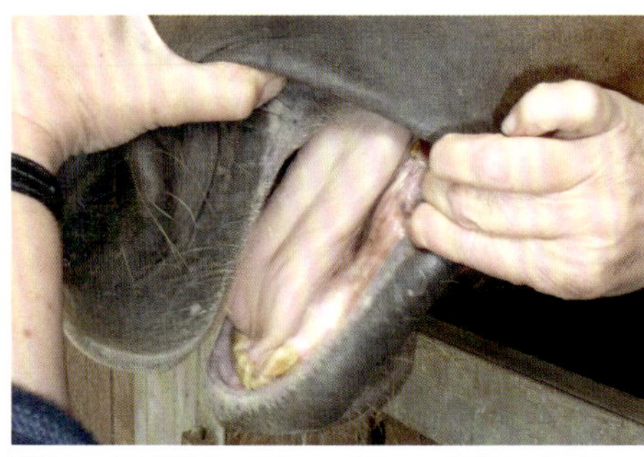

Der Nieren-Typ hat eine kleine, helle Zunge.

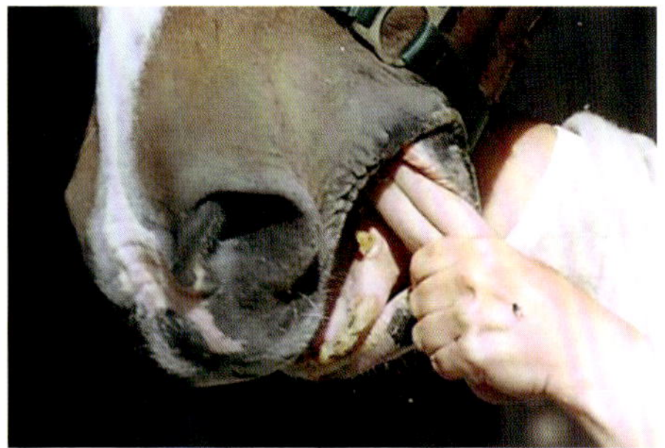

Der Milz-Typ lässt seine Zunge gerne anfassen.

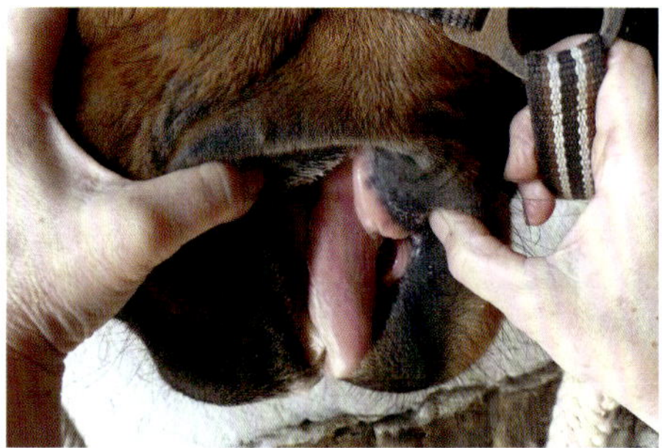

Der Lungen-Typ hat eine rosa, trockene Zunge.

FARBE DER ZUNGE

Die Farbe einer gesunden Zunge ist rosa. Dem jeweiligen Pferdetyp entsprechend variiert sie z. B. beim Gan-Typ ins Rötliche und beim Shen-Typ ins Weißliche. Dies ist aber kein Krankheitszustand, sondern typbezeichnend.

Wichtig: Der erste Eindruck der Zungenbetrachtung ist wichtig. Eine zurückziehende, weißliche Zunge entspricht dem Nieren-Shen-Typ und darf nicht extra aus dem Maul gezogen werden. Dadurch verändert sich die Farbe und Konsistenz der Zunge und kann nicht beurteilt werden.

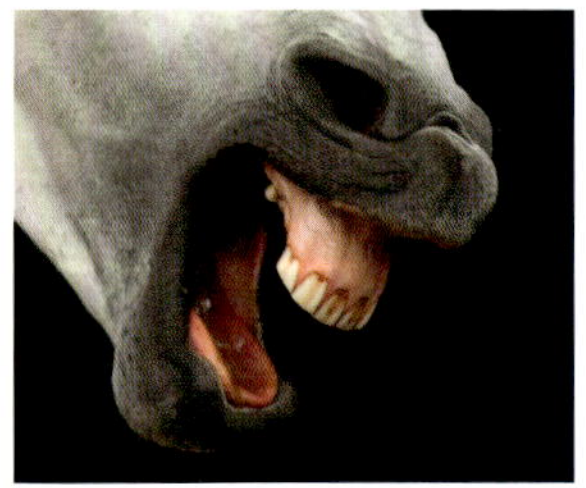

Der Leber-Gan-Typ hat eine rötliche Zunge.

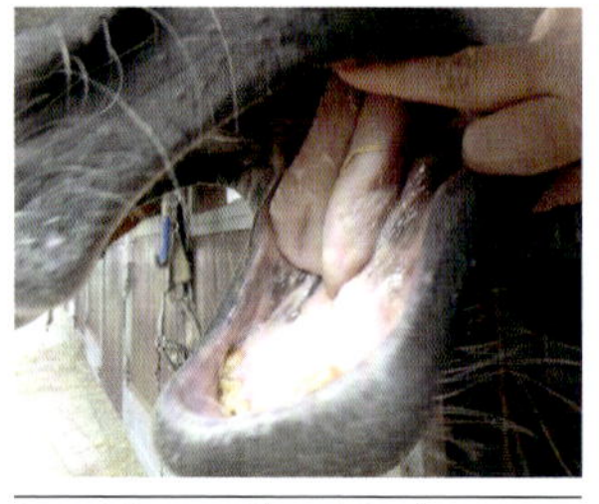

Der Nieren-Shen-Typ hat eine weißliche Zunge.

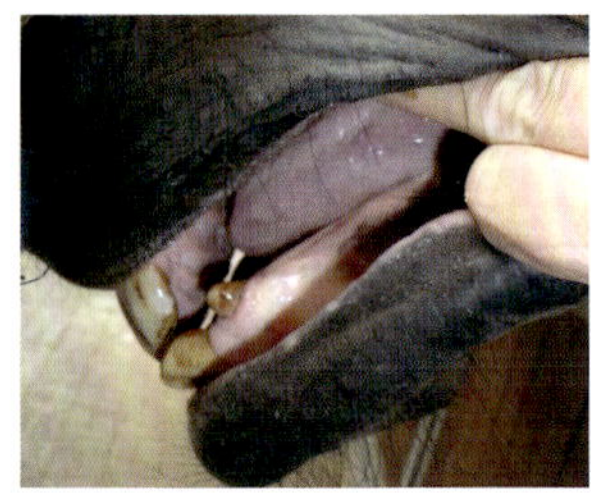

Der Herz-Xin-Typ hat eine bläuliche Zunge.

Die Pulstastung erfolgt an der A. maxillaris.

PULSTASTUNG

In der TCM wird beim Menschen der Puls am Handgelenk, am Hals oder am Fuß gefühlt. Der Puls wird an drei Positionen ertastet und gibt ebenso wie die Zunge Auskunft über den Zustand des Organsystems. Zuerst fühlt der Arzt den Puls sehr oberflächlich und beurteilt die Yang-Organe. Dann drückt er auf allen drei Positionen tiefer auf den Puls und beurteilt die Yin-Organe. Mit diesen drei Positionen, den zwei Ebenen und beiden Handgelenken kann er alle 12 Meridiane abfragen.

Beim Pferd wird der Puls entweder an der A. maxillaris am Kopf oder an der A. carotis communis vor dem Brusteingang getastet. Der Puls wird immer auf beiden Seiten gefühlt.

EINFLUSS VON RASSE UND ALTER

Die beschriebenen Pferdetypen finden sich in allen Pferderassen wieder. Ein gemütlicher Pi-Milz-Typ oder ein ängstlicher Nieren-Shen-Typ tritt ebenso beim Kaltblüter wie beim Shetlandpony auf. Ein Pferdetyp ändert sich im Laufe des Lebens im Grundsatz nie. Er kann aber die typischen Eigenschaften mehr oder weniger stark positiv oder negativ ausbilden. Krankheit, psychischer Stress, Überlastung, Stallwechsel, Verkauf und Alter haben einen negativen Einfluss auf die Harmonie des Pferdetyps. Tritt eine Disharmonie auf, kann es Wochen dauern, bis ein Pferdetyp wieder seine „Mitte" findet.

In jeder Pferderasse finden sich die fünf Pferdetypen wieder.

DIE FÜNF PFERDETYPEN
— *in der TCM*

VERHALTEN BEOBACHTEN

Verhaltensänderungen der Pferde geben Hinweise auf das Entstehen einer Disharmonie. Wird diese nicht behoben, kann es zu körperlichen Veränderungen und Erkrankungen kommen. Wenn der Reiter und Pferdebesitzer den Typ seines Pferdes aus Sicht der Traditionellen Chinesischen Medizin kennt, kann er Verhaltensänderungen schnell erkennen und so Erkrankungen vorbeugen und verhindern.

Durch Akupressur, speziell auf den Pferdetyp abgestimmt, kann der Reiter und Besitzer die Harmonie seines Pferdetyps erhalten und positiv beeinflussen. Treten Disharmonien auf, helfen zusätzlich Akupunktur und Traditionelle Chinesische Rezepturen.

Unterdrückung und Kampf mit anderen Pferden kann zu Verhaltensstörungen und Erkrankungen führen.

DER LEBER-GAN-TYP 肝型马

DER LEBER-GAN-TYP 肝型马
Leber 肝 + Typ 型 + Pferd马 also: 肝型马

PSYCHE

Der Leber-Gan-Typ wird der Wandlungsphase Holz und dem Frühling zugeordnet. Dazu gehören die Organe Leber (Gan) und Gallenblase.
Ein altes Sprichwort sagt, „Mir ist eine Laus über die Leber gelaufen" oder „Mir steigt die Galle hoch". Diese Beschreibung des zornigen Charakters, den wir auch beim Menschen finden, kennzeichnet den unausgeglichenen Leber-Gan-Typ.
Harmonische Leber-Gan-Typen sind dominant und ausdrucksstark. Sie haben keine Angst, sie sind mutig und unerschrocken. Pferde, die diesem Typ angehören, sind ausgesprochen leistungsfähig, falls sie bereit sind, mitzuarbeiten. Sie müssen weniger gefördert, sondern eher ausgeglichen und harmonisiert werden. Diese Dominanz ist

Der harmonische Leber-Gan-Typ präsentiert sich in der Öffentlichkeit mutig, ausdrucksstark und schön.

Der Leber-Gan-Typ in Harmonie

Der Leber-Gan-Typ in Disharmonie

von Vorteil, wenn der Reiter damit umgehen kann. Der Leber-Gan-Typ muss erzogen werden, sonst wird er aufmüpfig. Wenn der Reiter allerdings diese Art Pferd zu hart behandelt, kann es sehr unkooperativ werden, wenn nicht gar unreitbar. Der Umgang mit diesen Pferden erfordert viel Geduld und Geschick und Konsequenz seitens des Reiters. Einerseits muss der dominante Gan-Typ sich unterordnen, um die reiterliche Hilfengebung zu verstehen und zu akzeptieren und Leistung zu erbringen. Andererseits wird er auf unberechtigtes, inkonsequentes oder zu hartes Strafen mit ausgeprägter Widersetzlichkeit reagieren. Der Leber-Gan-Typ hat ein sehr gutes Gedächtnis. Nach der Vorstellung der chinesischen Lehre sind Ärger und Wut die Ursache für das Entstehen eines Gan-oder Leber-Qi-Staus. Daraus resultieren Muskelreaktionen, die sich beim Pferd in Muskelverspannungen, Schmerzen und Unrittigkeit ausdrücken können. Der Leber-Gan-Typ baut schon einen höheren Muskeltonus auf, wenn er nur einen ihm unsympathischen Boxennachbarn hat. Ein kompensierendes Umfeld sollte daher geschaffen werden.

SOZIALVERHALTEN

Ein ausbalancierter Leber-Gan-Typ ist der geborene Anführer, ein Alphatier, das von den anderen Herdenmitgliedern allein durch seine Präsenz akzeptiert wird. Er streitet nicht ohne Grund, verteidigt seine Vorherrschaft aber stets. Der Besitzer muss beachten, dass der Gan-Typ die Herde oder

Der Leber-Gan-Typ in Disharmonie entwickelt eine Leber-Qi-Stagnation und lässt seine Gereiztheit und Aggression an den Artgenossen aus.

Stallgasse nicht überkontrolliert und dadurch Muskelverspannungen entstehen. Nur ein Leber-Gan-Typ in Disharmonie ärgert seine Artgenossen, obwohl seine Alphastellung akzeptiert ist.
In einer Herde nimmt der Leber-Gan-Typ immer eine dominante Position ein. Wenn seine Führung angezweifelt wird, zum Beispiel durch einen neuen Weidekollegen oder in einer neuen Herdenkonstellation, wird es Konflikte geben, die zu Verletzungen führen können. Ist die Herdensituation klar geregelt, spielt der unerschrockene Leber-Gan-Typ gerne mit den Artgenossen.

Der harmonische Leber-Gan-Typ spielt gerne.

RITTIGKEIT

Der harmonische Leber-Gan-Typ erzeugt schnell einen Schaueffekt, weil er positiv auffällt.
Er ist meistens ein schönes Pferd mit viel Ausdruck, das häufig auf Turnieren brilliert, weil es Charisma ausstrahlt und Aufsehen erregt. Dadurch täuscht es über kleine Undurchlässigkeiten hinweg.
Der Leber-Gan-Typ ist vital, er begreift schnell und lernt neue Lektionen leicht.
Zu häufiges Wiederholen von Lektionen

Die ärgerliche Reaktion auf das Angurten ist Ausdruck einer Leber-Qi-Stagnation.

erregt aber schnell seinen Unwillen und er wehrt sich gegen die reiterliche Hilfengebung durch Widersetzlichkeit. Ebenso trickst er einen unsicheren Reiter aus, wenn dieser die Hilfen ungenau oder zögerlich gibt. Das Pferd springt beispielsweise bei einem routinierten Reiter den fliegenden Wechsel ohne zu zögern. Bemerkt es aber bei einem nicht versierten Reiter undeutliche Hilfengebung, springt es die fliegenden Wechsel nach kurzer Zeit nicht mehr. Der dominante Gan-Typ ist schlau und erkennt einen schwachen Reiter sofort und nutzt dies auch aus.

Der Leber-Gan-Typ ist mutig und hat zum Beispiel keine Angst vor unbekannten Hindernissen. Probleme in der Ausbildung basieren hauptsächlich auf mangelndem Respekt vor dem Reiter oder zu harter Handhabung des Pferdes. Der Leber-Typ muss untergeordnet werden, wird sich aber gleichzeitig vehement gegen undifferenziertes Strafen wehren. Jede Art von Unzufriedenheit drückt sich in einem erhöhten Muskeltonus aus. Durch die Tendenz zu fester Muskulatur und einer sensiblen Haut ist eine höhere Empfindlichkeit auf Berührungen, Sättel und Gurte vorprogrammiert.

Der hohe Muskeltonus führt zu einer erhöhten Anspannung der Muskeln, die durch Schweifschlagen und das Ignorieren der Reiterhilfen ausgedrückt wird. Schon kleine

Der clevere Leber-Gan-Typ braucht einen kosequenten Reiter, um eine sichere Rittigkeit zu entwickeln.

emotionale Unausgeglichenheiten können zu körperlichen Reaktionen führen, die von einem Therapeuten behandelt werden sollten. Diese Pferde brauchen einen Reiter, der sie konsequent, ruhig und mit viel Übersicht erzieht. Hat ein Leber-Gan-Typ einen Reiter, der selbst im Leber-Typ steht, so ist das erfahrungsgemäß eine ungünstige Kombination, die zu stetigen Konflikten führt.

DIE LEBER...

- speichert das Blut
- sorgt für den reibungslosen, geschmeidigen Qi-Fluss
- sorgt für die Elastizität der Sehnen
- zeigt sich in der Konsistenz und im Wachstum der Hufe
- spiegelt sich im Auge

KÖRPERLICHE MERKMALE

Eine Lebererkrankung in der westlichen Medizin bedeutet, dass das Organ Leber erkrankt ist, und der westlich orientierte Arzt wird seine Behandlung auf die Veränderungen in der Leber richten.
In der Traditionellen Chinesischen Medizin bedeutet eine Lebererkrankung dagegen eine Disharmonie in der Wandlungsphase Leber/Gallenblase, die möglicherweise durch Reizbarkeit verursacht wurde. Denkbare Beschwerden sind ausgeprägte Muskelverspannungen im Genick, Hals und Rücken, weil das Leber-Qi für den reibungslosen Verlauf von Qi und für die Muskulatur zuständig ist. Dazu gehören Probleme im Bereich der Sehnen und Gelenke, die zu Steifheit führen, aber auch der Huf und das Wachstum des Hufhorns und seine Beschaffenheit werden von der Leber beeinflusst. Rezidivierende Augenentzündungen jeder Art weisen auf eine Leberdisharmonie hin. Die Beachtung des unterschiedlichen Verständnisses in der westlichen Medizin und in der TCM ist wichtig, damit keine Missverständnisse auftauchen, wenn man von

Die Zunge des Leber-Gan-Typs ist rötlich und von fester Konsistenz.

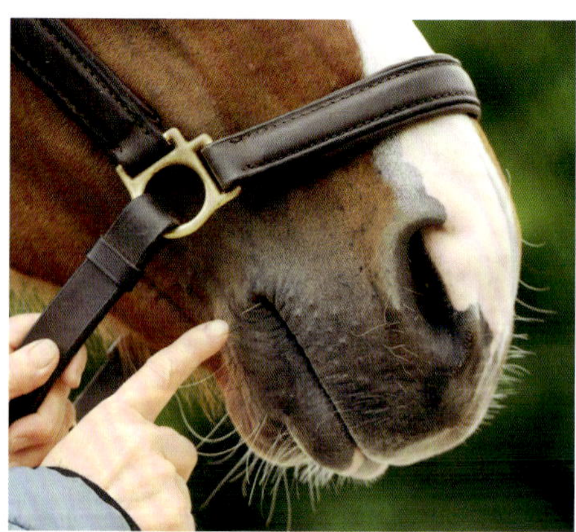

Der Leber-Gan-Typ hat eine feste, gespannte Maulspalte.

einer Lebererkrankung spricht. Der Leber-Gan-Typ ist dem Element Holz und Frühling zugeordnet. Meistens ist der Körperbau harmonisch und ausbalanciert. Diese Pferde sind oft schön und ausdrucksstark, mit ausgeprägten Muskeln und tendieren zu einem hohen Muskeltonus. Pferde im Leber-Gan-Typ sind immer gut in Form, auch wenn sie länger nicht trainiert wurden.
Infektionen und Wunden heilen schnell. Die Schleimhäute sind meist rot. Die Zunge ist rötlich, fest und wird dem Untersuchenden entzogen, nicht aus Angst, sondern aus Unwillen. Der Puls ist oberflächlich, gespannt und hat eine drahtige Qualität. Das Maul ist fest geschlossen, die Lippen sind gespannt, mit vielen kleinen Falten.
Laut der Sichtweise der Traditionellen Chinesischen Medizin reagieren diese Pferde empfindlich auf sogenannte Wind-Umstände, das heißt, dass sie dazu neigen, unter Atemwegserkrankungen zu leiden, besonders im Frühjahr. Einseitige Bindehautentzündungen sind auch typisch.

Das süß aussehende Pony Leo ist ein Leber-Gan-Typ und braucht eine konsequente Erziehung.

FAZIT

Der Leber-Gan-Typ ist ein auffälliges Pferd, das als Sportpferd brillieren kann. Es kann hervorragende Leistungen bringen, wenn seiner Dominanz und Stärke Rechnung getragen wird. Da es meistens ein hervorragendes Gedächtnis besitzt, merkt es sich unangenehme Situationen sehr lange und widersetzt sich schon sehr früh. Seine Muskulatur neigt zu hohem Tonus und Verspannungen, die therapeutisch behoben werden müssen. Aus diesem Grund sollten Streitigkeiten mit Boxennachbarn ernst genommen werden und möglicherweise zum Boxen- oder Nachbarwechsel führen. Leber-Gan-Typen registrieren Fehler ihres Reiters ausgesprochen schnell und nutzen sie aus. Wichtig ist eine konsequente, gerechte Erziehung ohne den Leber-Gan-Typ zu stark zu unterdrücken.

LEBER-GAN-TYP

- Ist dominant und nutzt Reiterfehler aus.
- Er muss erzogen aber nicht gebrochen werden.

DER LEBER-GAN-TYP AUF EINEN BLICK

In Harmonie

— Element Holz, der Leber zugeordnet
— führende Position in der Herde – Alphaposition
— ausdrucksstark
— dominante Einstellung
— Durchsetzungskraft
— mutig, intelligent
— sehr gutes Gedächtnis
— hohe Leistungsbereitschaft
— lernt schnell
— gesunder Knochenbau
— ausgeprägte Muskulatur
— starkes Immunsystem
— gute Wundheilung
— schnelle Genesung bei Erkrankungen
— feste Maulspalte
— Schleimhäute: rot
— Zunge: rötlich, fest, wird unwillig gezeigt
— Puls: oberflächlich, gespannt, drahtig

In Disharmonie

— verteidigt seine Alpha-Position zu extrem
— streitbar
— wird schnell widersetzlich
— nutzt Reiterfehler aus
— leicht aufgebracht
— aggressives Verhalten
— Muskelverspannungen
— Muskelkater/schmerzende Muskeln
— Rückenschmerzen
— Sehnenschaden
— Bindehautentzündungen
— Hufprobleme

NOTIZEN

DER NIEREN-SHEN-TYP 肾型马

PSYCHE

Der Shen-Typ wird der Wandlungsphase Wasser und dem Winter zugeordnet. Diese beinhaltet die Organe Niere und Blase. Diese Pferde sind nicht dominant, wie der Gan-Typ. Ihr Selbstbewusstsein ist viel schwächer ausgebildet. Der Nieren-Shen-Typ ist viel sensibler und ängstlicher. Das Sprichwort „Sich vor Angst in die Hose machen" trifft es recht gut. Diese besagte Vorsicht und Ängstlichkeit muss nicht negativ sein, solange sie durch eine vertrauensvolle Behandlung in Selbstbewusstsein umgewandelt werden kann.

Der Shen-Typ ist interessiert, sozial und hängt an seinen/m Menschen. Hat er einmal Vertrauen gefasst, ist er freundlich und offen gegenüber seinem Reiter und wiehert ihm zu, um ihn zu grüßen.
Sein Selbstwertgefühl bricht schnell zusammen. Alles Neue beunruhigt ihn und führt zu Aufregen und Scheuen. Veränderungen im gewohnten Umfeld, wie ein neuer Anstrich der Hallentür oder ein Stapel Holz um die Ecke, der vorher nicht da war, führen zu großer Unruhe und Aufregung. Diese Pferde suchen nach Unterstützung und Führung. Ihr Selbstvertrauen verbessert sich, wenn man zum Beispiel ein ruhiges

Der Nieren-Shen-Typ ist sensibel, eher ängstlich und sehr lernbegierig.

Der Nieren-Shen-Typ folgt gerne einem dominanten Pferd der Herde.

und zuverlässiges Pferd einsetzt, um sie durch gruselige Situationen zu führen. Mit solchen Situationen umgehen zu können, stärkt das Selbstvertrauen dieser Pferde. Auch ruhige und ermutigende Worte können helfen.

Der Nieren-Shen-Typ ist in der Lage, eine tiefe und intensive Beziehung zu seiner Bezugsperson aufzubauen, wenn dieser Mensch Sicherheit vermittelt und viel lobt. Anschließend folgt er vertrauensvoll und überwindet jede Herausforderung. Der Nieren-Shen-Typ hat einen großen Lernwillen, neigt allerdings dazu, zu übereifrig zu sein.

SOZIALVERHALTEN

Pferde im Nieren-Shen-Typ vermeiden Konflikte. Innerhalb einer Herde ordnen sie sich unter und integrieren sich schnell. Da sie kein dominantes Verhalten zeigen, kommen sie gut mit anderen Pferden aus. Probleme tauchen häufig auf, wenn die Sozialpartner sich ändern. Wenn dies der Fall ist, sollte der Reiter beobachten, wie das Pferd in der neuen Gruppe zurechtkommt, da es leicht gemobbt oder unterdrückt werden kann.

Als Folge entstehen körperliche Probleme wie Abmagerung, Lethargie, aber auch Magen-

geschwüre und Hauterkrankungen und psychische Symptome wie unerklärliche Angst und Schreckhaftigkeit.
Der Nieren-Shen-Typ kommt nicht gut damit zurecht, gejagt oder geärgert zu werden. Sein Selbstvertrauen muss gestärkt, nicht verringert werden. Ebenso wie beim Menschen hat die Psyche beim Pferd einen großen Einfluss auf das Immunsystem. Wird der eher ängstliche Shen-Typ körperlich und psychisch überfordert, treten Erkrankungen auf. Die Annahme: „Der soll sich da mal durchbeißen, das tut ihm nur gut!", gilt niemals für einen Nieren-Shen-Typ, der immer gestärkt werden muss. Jüngere Pferde im Nieren-Shen-Typ neigen eher dazu, krank zu werden. Die Annahme, dass die Dinge sich von selbst regeln und ein paar Bisse keinen größeren Schaden anrichten, gilt nicht für Shen-Typen. Er muss immer unterstützt werden. Wenn er sich in der Gruppe nicht wohlfühlt, selbst wenn es nur eine kleine Gruppe von zwei bis drei Pferden ist, neigt er dazu, unter Atemwegs- und Skeletterkrankungen zu leiden.
Der Besitzer muss beachten, dass der Nieren-Shen-Typ genug Selbstbewusstsein hat, in der Herde ausreichend zu fressen und zu trinken bekommt und sich am Ruheplatz zum Schlafen niederlegen kann.

RITTIGKEIT

Der Shen-Typ ist eifrig und interessiert. Deshalb kooperiert er gerne und lernt Lektionen schnell. Unglücklicherweise ist er manchmal so eifrig, dass er dazu neigt, Übungen zu verwechseln. In seinem Willen, dem Reiter zu gefallen, denkt er, dass er weiß, was als Nächstes kommt, und wartet nicht auf die Hilfe. Dafür nicht gelobt zu werden, verwirrt ihn, da er sich doch ganz sicher war, dass in der Mitte der Halle ein fliegender Wechsel kommen müsste.
Wenn der Reiter darauf mit Wut und Strafe reagiert, wird der Nieren-Shen-Typ unsicher und ängstlich und wird die Lektionen noch mehr durcheinanderbringen. Nur Geduld und eine korrekte Wiederholung der Hilfen und Übungen mit viel Lob werden das Pferd beruhigen und entspannen.

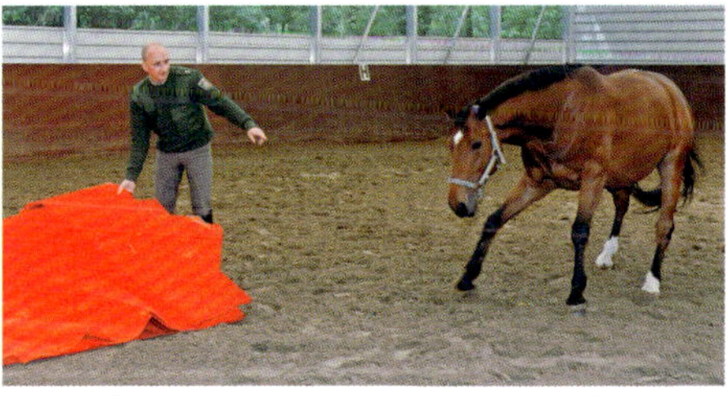

Anfängliche Nervosität …

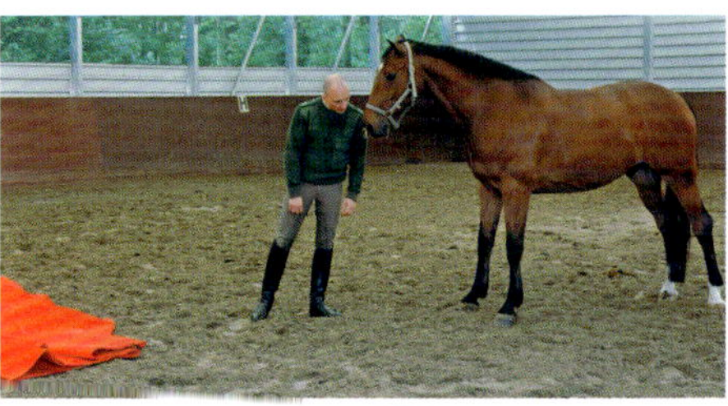

… lässt sich durch geduldiges Üben …

… schließlich überwinden.

Beim Ausritt ist der sichere Lungen-Typ ein beruhigendes Führpferd für den ängstlichen Shen-Typ.

So wird das Selbstbewusstsein des ängstlichen Shen-Typs gefördert.

Während der Leber-Gan-Typ auf Turnieren aufblüht und im Viereck brilliert, fürchtet der Nieren-Shen-Typ die unbekannte Umgebung und die Turnieratmosphäre. Erst nach ein paar Veranstaltungen wird er routiniert und kann sich entspannen. Dem Nieren-Shen-Typ hilft es sehr, wenn er einem Führpferd folgen kann. Dadurch wird sein Selbstbewusstsein gestärkt und Ängsten vorgebeugt. Der Nieren-Shen-Typ ist ein Performer, wenn die Umgebung sein Selbstvertrauern nährt und der Reiter seinen Übereifer akzeptiert, ohne grob zu werden. Wenn diese Pferde überlastet werden, tendieren sie dazu, überängstlich zu werden, und leiden unter Lahmheit und Atemwegserkrankungen.

DIE NIERE ...

... speichert die Essenz
... regiert Geburt, Wachstum, Fortpflanzung, Entwicklung
... regiert das Wasser
... empfängt das Qi von der Lunge

KÖRPERLICHE MERKMALE

In der Traditionellen Chinesischen Medizin bedeutet eine Nierenerkrankung eine Disharmonie in der Wandlungsphase Nieren/Blase, die möglicherweise durch zu viel Angst verursacht wurde.

Pferde im Nieren-Shen-Typ weisen meist eine zierliche, grazile Körperkonformation auf und haben kleine Hufe. Schwache oder nicht stark ausgeprägte Gelenke kommen vor.

Das Maul ist schmal mit kurzer Maulspalte, was zu Problemen mit dem Anpassen eines Gebisses führen kann.

Maulschwierigkeiten während des Reitens, hervorgerufen durch Schmerzen beim Zahnwechsel, finden sich häufig beim Shen-Typ.

Die Stimme des Nieren-Shen-Typs ist nicht voluminös, sondern hell und zart, ähnlich einem Fohlen.

Die Muskulatur ist zart und neigt zu schmerzhaften Reaktionen im Lendenbereich. Der Shen-Typ gehört zum Element Wasser, mit dem Winter, Kälte und Angst verbunden sind. Diese Pferde sind anfälliger

für Atemwegserkrankungen im Winter. Wenn sie nicht behandelt und geheilt werden, können diese Erkrankungen chronisch werden und jeden Winter wiederkehren.
Im Gegensatz zum Gan-Typ tendiert der Shen-Typ zu längeren Krankheitsperioden und seine Fähigkeit zur Selbstheilung ist deutlich schlechter.
Nieren-Shen-Typen frieren leicht, auch im Sommer fühlt sich die Lendengegend oft kühl an. Wenn dies der Fall ist, stehen sie still und zittern, anstatt sich mit Bewegung oder ein paar Bucklern aufzuwärmen.

Aufgrund seiner Abneigung gegen Kälte muss der Shen-Typ warm eingedeckt und vor Regen und Kälte geschützt werden.
Der Nieren-Shen-Typ hat weißliche Schleimhäute und eine kleine, helle Zunge. Sein Puls ist schwach und tief.
Er mag es nicht, wenn man seine Zunge anfassen will. Im Vergleich zum Leber-Gan-Typ, der ärgerlich auf das Erfassen seiner Zunge reagiert, hat der Nieren-Shen-Typ eher Angst. Mit etwas Geduld und Ruhe ist er aber schließlich bereit, seine Zunge zu zeigen.

Bodenarbeit, Horsemanship und zirzensische Lektionen sind willkommene Beschäftigungen für den eifrigen Nieren-Shen-Typ.

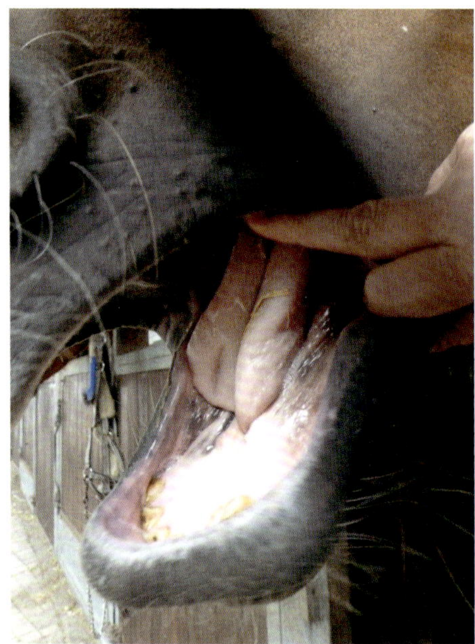

Typisch Nieren-Typ: Helle Schleimhäute und zurückgezogene Zunge

NIEREN-SHEN-TYP

- Sollte niemals kalt werden.
- Er braucht Geduld und Lob des Reiters zur Ausbildung und Stärkung seines Selbstbewusstseins.

FAZIT

Der Nieren-Shen-Typ ist ein leichtfüßiges Reitpferd, das jede Leistung erbringen kann, wenn der Reiter seinen Übereifer nicht straft, sondern mit Geduld sein Selbstbewusstsein aufbaut. Wird der eher ängstliche Nieren-Shen-Typ körperlich und psychisch überfordert, wird sein Immunsystem unterdrückt und es treten Erkrankungen auf. Kälte, Frieren und ungenügende Rekonvaleszenz nach Erkrankungen lassen den Nieren-Shen-Typ rasch chronisch krank werden.

Der ängstliche Nieren-Shen-Typ will nicht alleine sein.

DER NIEREN-SHEN-TYP AUF EINEN BLICK

In Harmonie

- Element Wasser, der Niere zugeordnet
- integrativ mit anderen Pferden
- kontaktfreudig
- lernt schnell
- entwickelt sich durch Lob des Reiters
- Kinderstimme
- friedfertig
- verletzliches Selbstvertrauen
- folgt seinem Menschen
- eifriger Schüler
- arbeitet gerne
- kleine Gelenke
- friert schnell
- kühle Lendenpartie
- Schleimhäute: blass
- Zunge: klein, blass
- Puls: schwach, tief

In Disharmonie

- unterentwickeltes Selbstbewusstsein
- Unterwurfigkeit in neuer Herde
- bringt bei Bestrafung alles durcheinander
- überängstlich
- scheu
- schreckhaft
- auf der Flucht
- tendiert zu Atemwegserkrankungen im Winter
- friert extrem
- Lendenbereich kalt, schmerzhaft
- lange Rekonvaleszenz-Phasen nach Erkrankungen
- Wunden, Verletzungen infizieren sich schnell
- Überanstrengung schwächt sein Immunsystem

NOTIZEN

DER MILZ-PI-TYP 脾型马

PSYCHE

Der Pi-Typ gehört zur Wandlungsphase Erde, zum Sommer mit den Organen Magen und Milz.
Der Milz-Pi-Typ ist ein ausgezeichneter Partner für einen ängstlichen Reiter. Er ist ein gemütliches, ausgeglichenes Pferd und ihn bringt so schnell nichts aus der Ruhe. Unsicherheiten vom Reiter nimmt er gelassen in Kauf. Er wird nicht ärgerlich wie der Gan-Typ und nicht ängstlich wie der Shen-Typ, sondern geht gemächlich seinen Weg weiter. Gerne bleibt er stehen und schaut sich seine Umgebung an. Natürlich kann der Pi-Typ auch Leistung erbringen, aber er bevorzugt ein friedliches Leben ohne Anstrengung. Seine wahre Leidenschaft gehört der Futteraufnahme. Sein Appetit ist ausgeprägt, deshalb neigt er, als guter Futterverwerter, eher zu Übergewicht.
Der Milz-Typ ist ein freundliches, liebenswertes Pferd, das einem ängstlichen Reiter Sicherheit gibt und Freude bereitet.

Der Milz-Pi-Typ folgt brav, …

… regt sich nicht auf, …

Der Milz-Typ ist gelassen und liebevoll.

Der Milz-Typ kämpft nicht, er frisst lieber.

SOZIALVERHALTEN

Der Milz-Pi-Typ ist weder dominant noch ängstlich. In der Herdenhierachie nimmt er eine Mittelposition ein. Er streitet sich nicht fortwährend um seinen Sozialstatus innerhalb der Herde, sondern findet meist einen Kumpel, mit dem er zufrieden grast. Versucht ein anderes Pferd, ihn zu mobben, verteidigt er sich, im Gegensatz zum Shen-Typ, deutlich und klar, wird aber sofort friedlich und beruhigt sich, wenn er wieder in Ruhe gelassen wird. Die Futteraufnahme ist ihm am wichtigsten.

… wundert sich in Ruhe …

… und ist ein wahrer Kumpel.

RITTIGKEIT

Am Beginn einer Reitstunde tendiert der Pi-Typ dazu, langsam und faul zu sein. Wie ein Dieselmotor muss er sich erst aufwärmen, bevor er flüssig läuft. Häufig schwitzt der Reiter am Anfang der Stunde mehr als das Pferd. Sobald der Reiter aufhört, das Pferd anzuspornen, wird es langsamer oder hört gar ganz auf, sich zu bewegen. Das darf der Reiter dem Pferd nicht übel nehmen.
Ist der Milz-Pi-Typ erstmal warm gelaufen und in guter Kondition, kann er fleißig und schwungvoll vorwärtsgehen. Er braucht aber seine Dieselanlaufzeit.
Der Pi-Typ ist das ideale Pferd für Anfänger. Er ist nicht daran interessiert, den Reiter abzuwerfen oder den Hilfen davonzulaufen. Stattdessen hält er einfach an, wenn er keine andere Anweisung bekommt. Häufig wird behauptet, diese Pferde seien stur oder unsensibel, dabei sind sie ausbalanciert mit einer harmonischen Mitte. Viele Reiter tendieren dazu, grob mit diesen Pferden umzugehen, und übersehen dabei ihre Vorteile.
Der Pi-Typ ist zuverlässig und brav. Er lernt langsam, aber sobald er eine Aufgabe verstanden hat, kann er sie in- und auswendig – immer und überall. Zum Beispiel: Wenn er fliegende Wechsel lernt, wird er am Anfang stolpern, nur einige wenige Wechsel schaffen oder gar keinen, da er sich nicht langfristig konzentrieren kann. Er braucht deutlich mehr Lernzeit, verglichen mit dem Leber- oder Nieren-Typ. Aber wo der Leber-Typ sich verspannt und aufgrund

Das Pony ist ein Milz-Pi-Typ und trägt seine junge, unsichere Reiterin zuverlässig überall hin.

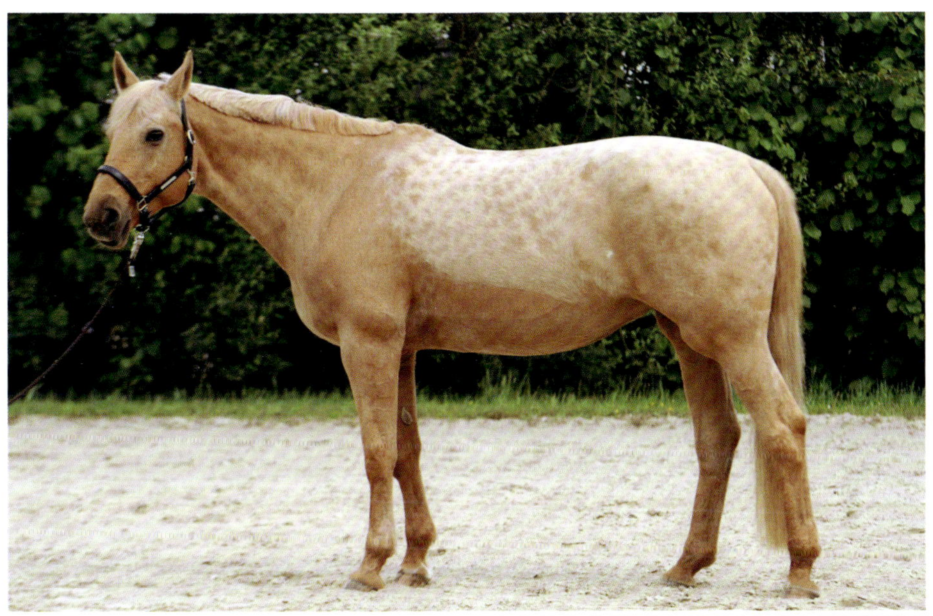

Der brave Milz-Pi-Typ hat eine weiche Muskulatur und die Tendenz zum Hängebauch.

seiner Laune an dem Tag nicht arbeiten mag, oder der Nieren-Typ übereifrig ist und alles durcheinanderbringt, liefert der Pi-Typ konstant und beständig ab.

Da Pferde im Milz-Pi-Typ eher introvertiert sind, können sie extrem lethargisch oder phlegmatisch werden, wenn sie überfordert werden oder ihnen mental oder körperlich Unrecht getan wird. Selbst wenn man dem Pi-Typ zu schnell neue Lektionen abverlangt, oder ihn unter dem Sattel stärker versammelt, als seine Hinterhand es leisten kann, kämpft er nicht gegen den Reiter an. Stattdessen verkriecht sich der Pi-Typ in sein Schneckenhaus. Seine Reaktionsschnelligkeit auf die Hilfen nimmt immer mehr ab, oder er bewegt sich gar nicht mehr. Der Milz-Pi-Typ verarbeitet diese Überlastung introvertiert und entwickelt Magengeschwüre und Kotwasser.

Wenn der Pi-Typ als Sportpferd eingesetzt werden soll und nicht nur als Freizeitpartner, ist es äußerst wichtig, dass seine Fitness verbessert wird. Verglichen mit dem Gan- und dem Shen-Typ braucht der Milz-Pi-Typ aufgrund seiner weichen Muskulatur und dem lockeren Bindegewebe eine höhere Grundkondition, um die gleichen Leistungen zu vollbringen. Dafür eignet sich am besten Intervall-Training im Gelände mit alternierenden Galopp- und Schrittphasen. Ausgedehnte Wiederholungen von Lektionen sind nicht hilfreich, da der Pi-Typ damit mental nicht umgehen kann, abstumpft und lethargisch wird. Sobald ein Pferd im Milz-Pi-Typ kräftig und fit ist, ist es ein sehr verlässliches, sicheres Turnierpferd, das jede Prüfung konstant und zuverlässig absolviert, auch mit weniger starken Reitern.

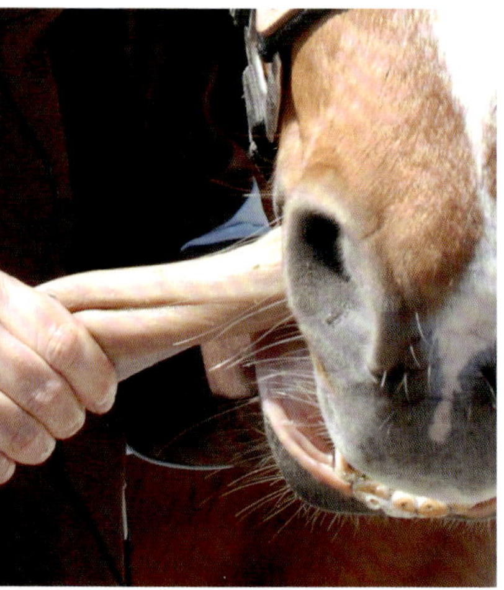

Der Milz-Typ gibt seine Zunge, ...

... lässt die Unterlippe hängen, ...

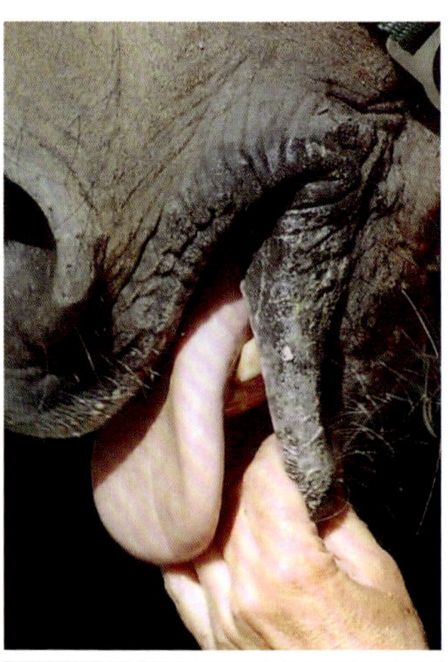

... hat ein weiches Maul.

Auf Turnieren sollte die Vorbereitungszeit kurz gehalten werden, sonst wird der Milz-Pi-Typ zu müde. Während der Leber-Gan-Typ Zeit braucht, um sich und seine feste Muskulatur zu lösen, verliert der Pi-Typ schnell an Kraft und versagt dann, wenn er in den Parcours oder aufs Viereck kommt. Seine weichen Muskeln brauchen keine lange Vorbereitung und da er zuverlässig in den Lektionen ist, reicht dem Milz-Pi-Typ ein kurzes Aufwärmen, um anschließend selbstbewusst in den Ring zu traben und geschlossen bei „x“ zum Halten zu kommen.

DIE MILZ ...

... hält die Dinge an ihrem Platz
... kontrolliert das Blut
... kontrolliert die Muskeln und die vier Gliedmaßen
... herrscht über Ernährung, Umwandlung und Transport

KÖRPERLICHE MERKMALE

Das Exterieur ist gröber und massiver als beim Shen-Typ. Der Pi-Typ hat außer dem großen Maul meistens große Hufe, große Gelenke und bei ungenügendem Training einen Hängebauch.
Muskulatur und Bindegewebe dieser Pferde sind, im Gegensatz zur festen Muskulatur des Gan-Typs, von weicher Konsistenz. Es besteht die Neigung zu ödematösen Beinen ohne Lahmheit. In der TCM hält die Milz „die Dinge an ihrem Platz“ und sorgt für den Flüssigkeitstransport im Körper.
Kommt sie dieser Aufgabe nicht nach, tritt Flüssigkeit ins Bindegewebe und es kommt zu den angelaufenen Beinen beim Pi-Typ.
Durch Bewegung auf der Koppel oder beim Reiten werden die Gliedmaßen wieder dünn, aber am nächsten Tag sind die „angelaufenen“ Beine wieder da. Der Pi-Typ hat ein großes, weiches Maul und weist häufig eine hängende, schlaffe Unterlippe auf.
Die Schleimhäute sind rosarot und mit viel

Speichel überzogen. Die Zunge ist rosa, groß, weich und schlapp. Der Pi-Typ lässt die Zunge ohne Probleme mit der Hand aus dem Maul ziehen und festhalten. Je häufiger die Zunge aus dem Maul genommen wird, umso angenehmer empfindet es der Pi-Typ. Es gefällt ihm, wenn mit seiner Zunge gespielt wird.

FAZIT

Wird im Training auf die Gelassenheit und Gemütlichkeit des freundlichen Milz-Pi-Typs Rücksicht genommen und durch verständnisvolles Aufbautraining die Kraftentwicklung unterstützt, wird der Pi-Typ zum ausgesprochenen Verlasspferd im Freizeitreiten und im Turniersport. Der Milz-Pi-Typ ist das ideale Reitpferd für Anfänger und Kinder.

MILZ-PI-TYP

— Ist zu Beginn des Trainings langsam wie ein Diesel.
— Er muss durch Intervalltraining aktiviert werden, um mehr Kondition und Kraft zu entwickeln.

Im Gegensatz zum dominanten Leber-Typ schmust der Milz-Pi-Typ jederzeit gerne mit seinem Reiter.

DER MILZ-PI-TYP AUF EINEN BLICK

In Harmonie

- freundlich und liebenswürdig
- gut in die Herde integriert
- zuverlässig
- artig
- zufrieden durch Futtergaben
- faul am Anfang der Reitstunde (Diesel)
- lernt langsam
- führt bekannte Lektionen perfekt aus, selbst mit unerfahrenen Reitern
- weiche Muskeln, weiches Bindegewebe, keine Verspannungen
- angelaufene Hinterbeine, die mit Bewegung abschwellen
- braucht eine gute Kondition, um performen zu können
- perfektes Anfängerpferd
- Schleimhäute: feucht, rosa
- Zunge: feucht, weiche Konsistenz
- Puls: tief, langsam, voll

In Disharmonie

- sehr faul
- apathisch
- extrem triebig
- introvertiert
- unmotiviert
- Hängebauch
- Adipositas
- besorgt
- keine Bereitschaft, vorwärtszugehen
- ungeschickt
- sehr langsam
- Magengeschwüre
- Gewichtsverlust
- Kotwasser
- chronisch angelaufene Hinterbeine

NOTIZEN

DER HERZ-XIN-TYP 心型马

Der Herz-Xin-Typ wird der Wandlungsphase Feuer zugeordnet. Im chinesischen Medizinverständnis steht das Herz für die Gefühlsbewegung Freude. Es gibt Xin-Typen, die ausgesprochen kernig und ausgelassen sind. Im Gegensatz zum Leber-Gan-Typ, der aus Ärger bockt, lassen diese Pferde ihre Freude an der Bewegung durch Ausgelassenheit und Clownerie heraus. Diese positive Form des Xin-Typs findet sich bei unseren Pferden aber seltener.

Häufig zeichnet sich der normalerweise ruhige Herz-Typ durch plötzlich auftretende Erregungszustände, die sich bis zur Hysterie steigern können, aus. Diese Aufregung kann sich so weit steigern, dass der Herz-Xin-Typ nicht mehr auf seine und des Besitzers Unversehrtheit achtet und es zu Verletzungen kommt.

Ein Herz-Typ wird manchmal mit einem Nieren-Shen-Typ verwechselt. Aber der Nieren-Shen-Typ ist generell ängstlich und lässt sich durch beruhigende Worte beeinflussen. Durch Aufbau seines Selbstbewusstseins wird der Nieren-Typ immer gelassener, während der Herz-Xin-Typ im Normalzustand nicht ängstlich ist, sondern sogar unsensibel sein kann. Dieser Typ kann im Umgang eher ruhig oder sogar robust wirken. Kommt er aber in Erregung, steigert er sich in eine Hysterie, die durch beruhigende Worte nicht mehr zu beeinflussen ist.

Xin, das Herz, ist nach dem chinesischen Medizinverständnis der Sitz des Geistes und des Verstandes. Kann das Herz den Geist nicht kontrollieren, kommt es zum Beispiel zu Panik und Hysterie.

Herz-Xin-Typen brauchen viel Zuwendung und Erziehungstraining im Normalzustand, damit sie sich in der Erregung an diese erinnern. Umso mehr sie Neues ohne Aufregung sehen und erleben, umso gelassener und ruhiger werden sie.

Dier Anspannung sieht man dem Herz-Typ an.

Der Herz-Xin-Typ schließt Freundschaft ausschließlich nur mit einem Pferd.

SOZIALVERHALTEN

Der Herz-Xin-Typ ist in der Herde eher ein Einzelgänger oder er sucht sich einen Pferdefreund aus, an dem er besonders hängt. Wird er von diesem Partner auch nur kurzfristig getrennt, kann er mit völliger Hysterie reagieren. Dabei achtet er weder auf seine eigene Gesundheit noch auf die des Pferdeführers. Er wiehert, schreit laut und drängt den Reiter ohne Rücksicht ab. Dabei kann er sich und andere verletzen.

RITTIGKEIT

Diese Pferde sind häufig sehr talentiert, aber schwierig zu trainieren, aufgrund ihrer geistigen Disharmonien. Herz-Typen regen sich unverhofft, meist unerwartet, auf. Auch wenn sie eine Woche lang jeden Tag zuverlässig mitarbeiten, können sie am nächsten Tag komplett ausrasten, ohne ersichtlichen Grund. Sie ärgern sich weder jeden Tag über die Hallentür, wie der Leber-Typ, noch sind sie leicht zu beruhigen, wie der Nieren-Typ. Das Aufregen des Herz-Xin-Typs kann nicht rationalisiert werden. Heute ist es der Flecken Sonne auf dem Boden, morgen ist es ein Auto, das neben der Tür parkt, nächste Woche die offene Hallentür.
Es braucht einen erfahrenen Reiter, um diese Art von Situationen zu händeln. Wenn der Herz-Xin-Typ negative Erfahrungen macht und alleine ist, zum Beispiel auf dem Anhänger, tendiert er dazu, auszurasten und den Hänger zu zerstören.

Der Herz-Xin-Typ lernt schnell und hat häufig einen geeigneten Körperbau, um hohen reiterlichen Ansprüchen zu genügen. Aufgrund seiner Kopflosigkeit eignet er sich jedoch nicht für Anfänger. Wenn der Reiter sehr geduldig und konsequent ist und es ihm gelingt, dass der Herz-Xin-Typ sich auf ihn konzentriert, kann er in der Lage sein, die hysterischen Ausbrüche des Pferdes aufzufangen. Am besten beruhigt sich der Herz-Typ in seiner Box.

Cherry ist ein Herz-Typ und neigt zur Hysterie.

DAS HERZ …

… beherbergt den Geist
… regiert das Blut und kontrolliert die Blutgefäße
… kontrolliert das Schwitzen

KÖRPERLICHE MERKMALE

Diese Pferdetypen haben einen bläulichen Schimmer auf ihrer Schleimhaut und der Zunge und ihr Puls ist flutend.
Der Xin-Typ hat keine typischen Merkmale im Körperbau. Häufig sind es talentierte Pferde, die aber aufgrund der Unruhe ihres Geistes Probleme in der reiterlichen Ausbildung zeigen.
Aus Sicht der Traditionellen Chinesischen Medizin kontrolliert das Herz nicht nur den Geist, sondern auch das Schwitzen. Herz-Xin-Typen neigen zum Nachschwitzen. Sie trocknen während des abschließenden Schrittreitens und Absattelns, beginnen aber in der Box wieder zu schwitzen. Es kann am ganzen Körper oder an einzelnen Körperpartien nachgeschwitzt werden. Schwitzt ein Pferd nach, ist dies immer ein Hinweis darauf, dass das chinesische Herz und der Herz-Xin-Typ aus der Balance sind und durch Akupunktur behandelt werden sollten.

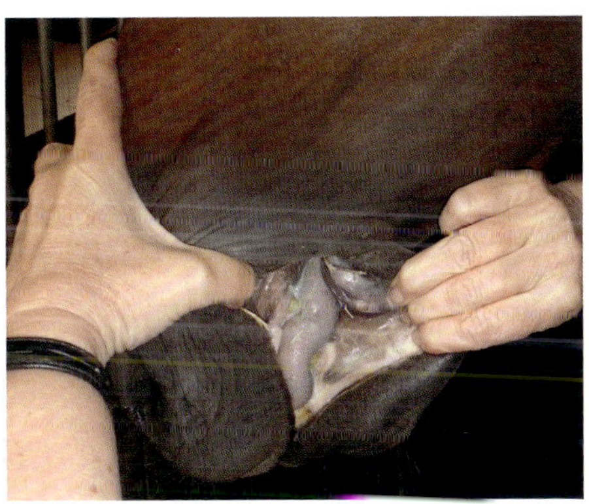

Die Schleimhäute und die Zunge schimmern bläulich beim Herz-Xin-Typ.

FAZIT

Herz-Xin-Pferde mit ihrer geistigen Unberechenbarkeit sind eine Herausforderung für die meisten Besitzer. Im einen Moment ist ihr Pferd freundlich und liebenswert, manchmal gar etwas stur, und im nächsten spielt es verrückt. Dieser Typ ist kein Anfängerpferd. Nur ein liebevoller Umgang in Kombination mit einer konsequenten Erziehung in ruhigen Momenten und einer entspannten Herangehensweise an neue Situationen verstärkt die Harmonie und innere Ruhe des Herz-Xin-Typs.

DER HERZ-XIN-TYP AUF EINEN BLICK

In Harmonie

- lernt schnell
- anhänglich und fixiert auf ein Pferd
- anhänglich und fixiert auf einen Menschen
- bläuliche Schleimhäute

In Disharmonie

- unüberlegt handelnd
- erregbar
- zur Panik neigend
- unansprechbar
- verletzt sich selbst

NOTIZEN

DER LUNGEN-FEI-TYP 肺型马

PSYCHE

Der Fei-Typ wird der Wandlungsphase Metall, dem Herbst und den Organen Lunge und Dickdarm zugeordnet. Diese Pferde haben häufig ein unauffälliges Exterieur und zeichnen sich durch ein ausgeglichenes, arbeitsfreudiges Temperament aus.
Was ihren Überblick betrifft, sind sie in jeder Situation herausragend. Im Gegensatz zum wütenden Leber-Gan-Typ, ängstlichen Niere-Shen-Typ und ausufernden Herz-Xin-Typ reagiert der Lungen-Fei-Typ immer mit Übersicht, ist aber auch nicht langsam, wie der Milz-Pi-Typ.
Er ist jeden Tag aufmerksam und arbeitet kontinuierlich mit. Pferde im Fei-Typ sind freundlich und neugierig dem Menschengegenüber. Neue Situationen werden mit Vorsicht und Intelligenz, mit Selbstvertrauen aber ohne Angst gemeistert.
Die Leistungsbereitschaft des Lungen-Fei-Typs wird häufig nicht ausreichend gewürdigt. Durch ständiges Abfragen von Höchstleistung werden beginnende Schmerzen und Lahmheiten übersehen, da „das Pferd ja immer läuft". Dadurch entstehen chronische Erkrankungen und Lahmheiten. Aus diesem Grund sollte der Reiter ein waches Auge auf sein sets arbeitswilliges Pferd haben.

SOZIALVERHALTEN

Der Fei-Typ zeigt ein hohes Sozialverhalten. Er streitet sich nicht wie der Leber-Gan-Typ um die Führung in der Gruppe, er lässt sich nicht unterdrücken wie der Nieren-Shen-Typ, er ist kein Einzelgänger wie der Herz-Xin-Typ. Der Fei-Typ ordnet sich in der Herde ein.

Der kluge Lungen-Typ überblickt jede Situation.

Ein Herdenwechsel ist für ihn im Allgemeinen kein größeres Problem im Gegensatz zum Shen-Typ. Meistens finden sie sich in der neuen Umgebung schnell zurecht. Auch hier zeigen sich ihre Klugheit und Übersicht. Die Schleimhäute der Lungen-Typen sind weißlich-rosa und tendieren zur Trockenheit.
Der Fei-Typ ist ein sachliches, kontaktfreudiges Pferd. Um Leistung über lange Zeit erbringen zu können, muss er körperlich langsam aufgebaut werden. Besonderen Wert ist auf die Ausbildung und Stärkung der Muskulatur zu legen. Erkennt der Reiter die Leistungsbereitschaft und die Klugheit seines Fei-Typs an und lobt ihn entsprechend, kann er sich keinen besseren Partner wünschen. Abwechslung in der Arbeit und im sozialen Umfeld lassen den Lungen-Typ gesund bleiben.

RITTIGKEIT

Der Fei-Typ gewinnt in der Arbeit und durch seine konsequente, zuverlässige Arbeitsbereitschaft. Er lernt schnell, kann die Abfolgen der Lektionen erfassen und bemüht sich auch bei körperlichen Schwierigkeiten. Da er mitarbeitet und versucht, sein Bestes zu geben, kann er ständiges Unterordnen schlecht vertragen. Er ist ein Kämpfer, der selbstständig mitdenkt. Man findet ihn häufig bei Vielseitigkeitspferden, weil im Gelände ein mitdenkendes Pferd über den Sprüngen gerne geritten wird. Der harmonisierte Lungen-Fei-Typ ist ein hervorragendes Reitpferd. Wird er überfordert, zeigt er das weniger im Nachlassen der Mitarbeit als in körperlichen Erscheinungen wie Haut- und Lungenerkrankungen.

Der Lungen-Fei-Typ integriert sich einfach in eine Herde.

Der Lungen-Typ gewinnt an Schönheit und Ausstrahlung durch seinen Arbeitswillen und seine Zuneigung zu seinem/r Reiter/in.

Pferde im Lungen-Fei-Typ neigen bei Überlastung zur oberflächlichen und kurzen Atmung. Sie verlieren ihre physiologische Atemtechnik. Lungenerkrankungen treten gepaart mit trockenem Husten oder Atemnot auf. Die nötige Zeit zum Auskurieren ist unerlässlich.

DIE LUNGE ...

... herrscht über Qi und die Atmung
... kontrolliert Meridiane und Blutgefäße
... kontrolliert Verteilen und Absteigen von Qi und Körperflüssigkeiten im Körper
... kontrolliert Haut und Haar
... regiert die Stimme

KÖRPERLICHE MERKMALE

Lungen-Fei-Typen sind eher unauffällige Pferde. Diese Unauffälligkeit wird durch außerordentliche gedankliche Übersicht und exzellente Rittigkeit wettgemacht.
Der Lungen-Fei-Typ arbeitet unermüdlich und klug mit seinem Reiter.
Der Körperbau des Lungen-Typs ist durch Trockenheit geprägt. Trockene, klare Gelenke, ruhige Augen, schmale Muskulatur.
Um der vollen Leistung eines Lungen-Fei-Typs gerecht zu werden, muss seine körperliche Entwicklung genau überwacht werden.
Da er versucht, allen Anforderungen zu genügen, werden Krankheiten und Verletzungen oft unterschätzt oder nicht ernst genommen.

Der Lungen-Fei-Typ hat ein trockenes Fundament.

Der Puls des Lungen-Fei-Typs ist oberflächlich und regelmäßig.
Die Schleimhäute sind weißlich-rosa und tendieren zur Trockenheit. Die etwas trockene Zunge lässt sich leicht aus dem Maul hervorholen, aber im Gegensatz zum Milz-Pi-Typ, der die Zunge dem Anfassenden immer lieber überlässt, ist der Lungen-Fei-Typ froh, die Zunge wieder zurücknehmen zu können.

LUNGEN-FEI-TYP

- Gibt immer sein Bestes.
- Hat sehr viel Übersicht.
- Der Reiter muss auf seine Gesundheit achten.

FAZIT

Der Lungen-Fei-Typ ist ein Pferd, das offen, intelligent und klar im Verstand ist und immer einen guten Überblick hat. Um langfristig erfolgreich zu sein, braucht er Zeit, sich körperlich zu entwickeln. Ein besonderer Fokus muss auf der Entwicklung von Muskeln und Stärke liegen. Wenn der Reiter die Intelligenz seines Pferdes lobt und zu schätzen weiß und ihm Ruhephasen einräumt, wird er keinen besseren Partner finden. Die tägliche Arbeit sollte der Klugheit dieser Pferde gerecht werden und Abwechslung und geistige Anforderungen bieten. Eintöniges Training und körperliche Überforderung des dauermotivierten Fei-Typs führen zu chronischen Krankheiten.

DER LUNGEN-FEI-TYP AUF EINEN BLICK

In Harmonie

- keine Verhaltensauffälligkeiten gegenüber anderen Pferden
- klug
- klar im Kopf
- Leistungsbereitschaft
- gutes Sozialverhalten
- in der Lage, außerordentliche Leistungen zu vollbringen
- intelligent
- überblickt alle Situationen
- ein unauffälliges äußeres Erscheinungsbild
- Der Reiter muss auf die Gesundheit des Pferdes achtgeben, da es immer versucht, seinen Anforderungen zu folgen.
- Schleimhäute: weiß-rosa, neigen zur Trockenheit
- Zunge: neigt zu Trockenheit
- Puls: oberflächlich und regelmäßig

In Disharmonie

- Krankheit durch Überforderung und Eintönigkeit
- Apathie
- Hautkrankheiten
- Atemwegserkrankungen
- Lahmheiten

NOTIZEN

MISCHTYPEN

Traditionelle Chinesische Pferdetypen treten nicht immer als reine Typen auf und das kann zu Verwirrung führen. Zum Beispiel können die Körpermerkmale des Pferdes einem Milz-Pi-Typ entsprechen, die Psyche und das Sozialverhalten aber einem Nieren-Shen-Typ. In diesem Fall handelt es sich um einen Mischtyp. Oft stellt ein Mischtyp eine harmonische Ausprägung der Pferde dar.

MISCHTYP MILZ-LEBER

Ein Leber-Gan-Typ ist klug, mutig, aber dominant. Er neigt zu Muskelverspannungen und kann sich sehr schnell ärgern. Gemischt mit einem Milz-Pi-Typ, der einen unaufgeregten, gemütlichen Charakter einbringt und dadurch das dominante Verhalten des Leber-Typs abpuffert, stellt der Mischtyp Milz-Leber eine gelungene Kombination für ein Reit- und Turnierpferd dar.

MISCHTYP LEBER-LUNGE

Ein Leber-Gan-Typ ist klug, mutig, aber dominant. Er neigt zu Muskelverspannungen und kann sich sehr schnell ärgern. Die Mischung mit dem Lungen-Fei-Typ, der häufig unauffällig aussieht, sich durch ein arbeitsfreudiges Temperament auszeichnet und neue Situationen mit Vorsicht und Intelligenz, mit Selbstvertrauen und ohne Angst meistert, stellt ein Pferd dar, das als Freizeitpferd – im harmonischen Zustand – auch einen ängstlichen Reiter souverän ohne dominanten Widerspruch trägt und sicher im Gelände zu reiten ist.

MISCHTYP MILZ-NIERE

Der reine Milz-Pi-Typ ist ein ausgezeichneter Partner für einen ängstlichen Reiter. Er ist ein ausgeglichenes Pferd und ihn bringt so schnell nichts aus der Ruhe.

Der Milz-Leber-Typ

Der Leber-Lunge-Typ

Milz-Nieren-Typ

Lunge-Nieren-Typ

Der Pi-Typ ist weder dominant noch ängstlich. Das Selbstbewusstsein des Nieren-Shen-Typs ist viel schwächer ausgebildet. Sein Selbstwertgefühl bricht schnell zusammen. Alles Neue beunruhigt ihn und führt zum Aufregen und Scheuen. In Kombination mit dem Milz-Typ verhalten sich diese Pferde viel gelassener und zeigen einen vermehrten Spieltrieb.
Der Nieren-Shen-Typ ist eifrig und interessiert. Deshalb kooperiert er gerne und lernt Lektionen schnell.
Der Milz-Pi-Typ ist zuverlässig und brav. Er lernt langsam, aber sobald er eine Aufgabe verstanden hat, kann er sie in- und auswendig – immer und überall. Am Beginn einer Reitstunde tendiert der Pi-Typ dazu, langsam und faul zu sein. Diese Langsamkeit und Dieselverhalten wird durch den Lerneifer des Nieren-Shen-Typs verbessert, manchmal ganz aufgehoben. Oft stört beim Reiten der Übereifer des Nieren-Typs. In Kombination mit dem Milz-Typ wird dieser vorauseilende Eifer normalisiert. Der Mischtyp Milz-Niere stellt, sofern er sich in Harmonie befindet, ein ideales Pferd für den schwächeren Reiter dar, da er gelassener als der reine Nieren-Shen-Typ reagiert, aber eifriger als der reine, gemütliche Milz-Pi-Typ ist.

MISCHTYP LUNGE-NIERE

Lungen-Fei-Typen sind eher unauffällige Pferde. Diese Unauffälligkeit wird durch außerordentliche gedankliche Übersicht und exzellente Rittigkeit wettgemacht. Neue Situationen werden mit Vorsicht und Intelligenz, mit Selbstvertrauen, aber ohne Angst gemeistert. Dadurch wird das schwache Selbstbewusstsein des Nieren-Shen-Typs unterstützt und Angstzustände abgefangen. Durch den Nieren-Shen-Typ wird der zurückhaltende, sachliche Lungen-Fei-Typ dem Menschen gegenüber offener und wiehert und schmust gerne. Dieser körperlich oft schmale und zierliche Mischtyp wird gerne gedanklich gefordert und lernt alle Lektionen, auch in der Bodenarbeit und im Horsemanship, schnell und mit viel Freude.

PFERDETYPEN IN HARMONIE — *Fallbeispiele*

PATIENTENBEISPIEL LEBER-GAN-TYP IN HARMONIE

PSYCHE / SOZIALVERHALTEN

Maddox erregte schon kurz nach seiner Geburt die Aufmerksamkeit seiner Umgebung, weil er nicht am Schutz durch seine Mutter interessiert war, sondern selbstsicher alleine die Umgebung erkunden wollte.
Die Versuche seiner Besitzerin, ihn zurückzunehmen und zur Mutterstute zu führen, verärgerten ihn sehr. Er war sicher, allem Neuen gewachsen zu sein, und ließ sich nicht vom Gegenteil überzeugen.

Von Anbeginn seines Lebens war Maddox selbstbewusst, ohne Angst, dominant, und schon fruh der Anführer in der Jungpferdeherde. Er ging keiner Streitigkeit aus dem Wege und blieb immer der Sieger. Sobald die anderen Pferde seine Alphastellung akzeptiert hatten, ließ er sie zufrieden und forderte sie auch zum Spiel auf.
Weidegang mit anderen Pferden ist für Maddox sehr wichtig, um seinen Bewegungsdrang und seinen Spieltrieb ausleben zu können, damit er ausgeglichen bleibt und keine Leber-Gan-Disharmonie entsteht.

Maddox ist ein 8-jähriger spanischer Schimmelwallach.

Maddox erklärt allen Artgenossen seine Alphastellung.

Sobald seine Führungsposition akzeptiert ist, wird Maddox freundlich.

RITTIGKEIT

Maddox zeigte beim ersten Anreiten keine Furcht und ließ sich leicht reiten, solange er Lust dazu hatte. Beim Longieren legte er sich einfach flach auf den Boden. Wurde die Longe entfernt, trabte er frohgelaunt und folgsam um seine Reiterin. Seine liebevolle Besitzerin versuchte, die Unart mit viel Abwechslung in der Arbeit zu ignorieren. Sobald sie im Training unbekannte Dinge anbot, machte Maddox mit Feuereifer mit. Interessiert folgte er den Anweisungen beim Horsemanship und lernte schlau und schnell alle Übungen. Den erfreulichen Nebeneffekt, der in der Regulierung seiner Dominanz lag, erkannte er in seinem Eifer nicht. Konsequent arbeitete seine Reiterin mit dieser Form des Trainings. Beim Ausreiten mit der Reitfreundin, die ein friedfertiges, umsichtiges Pferd im Lungen-Typ ritt, entschied der angstlose Maddox in kurzer Zeit, dass er die Leitposition einzunehmen hatte. Die Reiterin entschied sich gegen die Ratschläge vieler, sie solle Maddox

Angst kennt Maddox nicht.

Maddox behält seine Artgenossen im Blick.

einmal richtig verhauen, dann wäre er schon friedlich. Sie nutzte konsequent und geschickt seine Furchtlosigkeit und Dominanz aus und hat ein sicheres, freudiges, ausdrucksstarkes Geländepferd erhalten.

KÖRPERMERKMALE

Maddox ist ein schönes, ausdrucksstarkes spanisches Pferd mit sehr gutem Galopp und Schritt. Der Körperbau ist kräftig mit einem breiten Hals und gut ausgebildeter Muskulatur.
Er ist ein sehr guter Futterverwerter und etwas vollschlank. Aber die Muskulatur ist nicht weich wie beim Milz-Pi-Typ, sondern fest und stark und entspricht dem Leber-Gan-Typ. Deshalb hat Maddox eine gute Kondition.

Die Schleimhäute sind rötlich und die Zunge ist ebenfalls rötlich und von fester Konsistenz.
Sein Immunsystem ist gut und lässt Erkrankungen und Verletzungen rasch ausheilen. Muskelverspannungen treten auf, wenn Maddox sich ärgert.

FAZIT

Maddox steht heute im harmonischen Leber-Gan-Typ. Die Reiterin hatte ihn als Leber-Gan-Typ erkannt, geschickt gefördert und ist nutzlosen Konfrontationen aus dem Weg gegangen. Sie hat aber konsequent immer wieder neue Anforderungen an Maddox gestellt. Dadurch hat der Leber-Gan-Typ Maddox seine Reiterin akzeptiert und ist im Gelände zu einer „Versicherung" geworden und stellt ein gefragtes und beliebtes Führpferd für unsichere Pferde dar.
Der Akupressurpunkt für den psychischen Ausgleich des Leber-Gan-Typs ist Leber 3.

Leber 3 wird zwei Minuten akupressiert.

PATIENTENBEISPIEL NIEREN-SHEN-TYP IN HARMONIE

PSYCHE/SOZIALVERHALTEN

Alpacino ist ein eifriges, waches, arbeitsfreudiges Pferd. Er hat eine kleine, sehr helle Babystimme, die er sofort begeistert einsetzt, wenn seine Besitzerin in Sichtweite kommt. Er wiehert dann so lange, bis sie in die Box kommt und ihn streichelt. Ruhe und Gelassenheit musste der Nieren-Typ Alpacino erst lernen. Anfangs konnte er, zum Beispiel beim Putzen und Angebundensein, nicht stillstehen und lernte dies nur durch die liebevolle Konsequenz seiner Reiterin. Dazu sagte sie nicht das meist angewendete Wort „Steh!", sondern benutzte das Kommando „Ho", weil der Vokal „o" tiefer klingt und neben dem Kommando auch eine beruhigende Wirkung hat.
Das Selbstbewusstsein von Alpacino ist mit den Jahren immer mehr gefestigt worden. 4-jährig hatte er vor vielen neuen Gegenständen Angst. Eine Freundin ritt deshalb mit ihrem im Milz-Pi-Typ stehenden Norweger „Olaf" als Führpferd immer vorneweg. Dadurch konnte Alpacinos Selbstbewusstsein wachsen und sich stabilisieren. Heute braucht er kein Führpferd mehr. Seinen Eifer am Erlernen von Lektionen hat Alpacino unter Beweis gestellt, als er im Horsemanship das Kompliment lernte. Kaum hatte er begriffen, dass mit dem Kommando „down" das Zeigen vom Kom-

Alpacino ist ein 12-jähriger Rappwallach.

Alpacino ist oft übereifrig.

pliment abgefragt wurde, war er übereifrig bedacht, sein neues Können zu präsentieren, und führte das Kompliment beim Aufsteigen, beim Absteigen, beim Führen und beim Schmied vor. Deshalb fragte die Besitzerin die Lektion erstmal für einige Wochen nicht mehr ab. Danach war die Aufregung verschwunden und Alpacino wartete das dazugehörige Kommando ab.

Mit anderen Pferden versteht sich Alpacino gut und ordnet sich unter. Er bevorzugt aber eine kleine Gruppe, die er gut kennt. Seine Reiterin hat den Versuch unternommen, ihn in einen Offenstall einzugliedern. Innerhalb kurzer Zeit nahm er extrem ab und wieherte nicht mehr, wenn sie zu ihm kam. Alpacino ist ein reiner Nieren-Shen-Typ, die sozialen Rangeleien überforderten ihn, außerdem bekam er zu wenig Schlaf. Die Besitzerin holte ihn wieder in seinen alten Stall und sofort fraß er und begrüßte sie auch wieder. Dieses Beispiel zeigt, wie individuell Pferde auf die verschiedenen Stallformen reagieren, aber auch, wie unerlässlich ein ausreichendes Raum- und Schlafangebot in Offenställen ist, um Pferden Lebensqualität zu gewährleisten.

Nieren-Shen-Typen brauchen Sicherheit und Ruhe in der Herde.

RITTIGKEIT

Alpacino hat aufgrund seines harmonischen Körperbaus und seiner guten Bewegungen keine körperlichen Rittigkeitsprobleme. Er ist bis Grand Prix ausgebildet und hat alle Lektionen spielend gelernt, brachte aber in seinen jungen Jahren auf dem Turnier durch sein übereifriges Vorausdenken oft einiges durcheinander. Seine Besitzerin trug dieses Verhalten mit Fassung und wird heute mit einem konzentrierten, hoch platzierten Pferd belohnt.

KÖRPERMERKMALE

Alpacino ist ein hübsches, zierliches Pferd mit einem harmonischen Körperbau und gutem, sehr taktsicherem Bewegungsablauf. Er hat ein kleines Maul und eine kurze Maulspalte. Darauf muss bei der Gebiss-Auswahl Rücksicht genommen werden. Die Schleimhäute sind weißlich, der Puls ist klein und schnell. Seine kleine Zunge lässt Alpacino seinem Nieren-Typ entsprechend ungerne anfassen. Die Hufe und Gelenke sind, dem

Der ängstliche Nieren-Typ hat Selbstbewusstsein und Eigenständigkeit entwickelt.

Körperbau angepasst, schmal und klein. Die Muskulatur ist durch die Ausbildung gut ausgeprägt. Sobald es im Herbst kälter wird, wird Alpacino eingedeckt, da er als Nieren-Shen-Typ schnell friert und die Reiterin die Lendenmuskulatur schützen möchte.

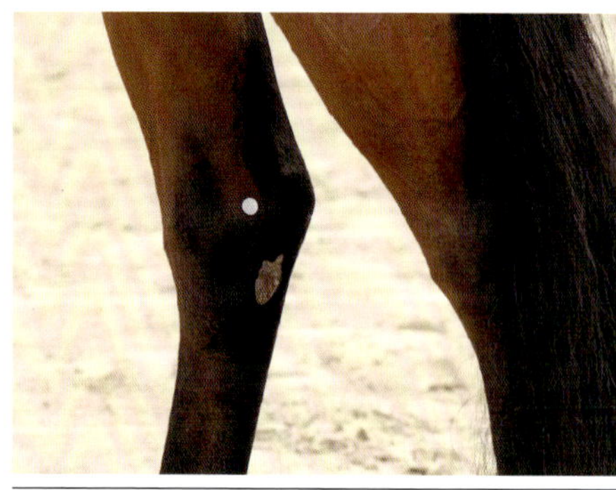

Niere 3 wird eine Minute akupressiert.

FAZIT

Alpacino steht heute im harmonischen Nieren-Shen-Typ. Die Reiterin hat den Typ erkannt und zum Beispiel durch die Mitnahme eines Führpferdes und durch geduldige Konsequenz den Nieren-Shen-Typ in seinem Selbstbewusstsein optimal gefördert und seinen Übereifer in die richtigen Bahnen gelenkt.

Die Reiterin weiß, dass Erkrankungen und Verletzungen beim Nieren-Shen-Typ Zeit brauchen, um auszuheilen. Deshalb erhält Alpcino, wenn er einen Atemwegsinfekt entwickelt, eine längere Rekonvaleszenz und kleine Wunden werden unter Verband genommen.

Der Akupressurpunkt zum psychischen Ausgleich des Nieren-Shen-Typs ist Niere 3.

PATIENTENBEISPIEL MILZ-PI-TYP IN HARMONIE

PSYCHE/ SOZIALVERHALTEN

Charly ist seit 20 Jahren im Besitz seiner mittlerweile 28-jährigen Besitzerin. Sie hat ihm alle Lektionen beigebracht. Typisch für einen Pi-Typ verträgt Charly sich mit allen anderen Pferden. Fressen ist seine Hauptleidenschaft.

Charly ist gemütlich und unaufgeregt. Brav folgt er seiner Besitzerin ohne Halfter auf Schritt und Tritt, außer eine andere Person hat durch Zufall Leckerlis in der Hand. Dann beschließt Charly, einen Umweg zur Nahrungsaufnahme zu machen, und trabt danach wieder zu seiner Besitzerin. Diese hält eine Möhre bereit zur Belohnung.

Charly ist ein 24-jähriges Schimmelpony.

RITTIGKEIT

Charly ist ein Lehrmeister für kleine Kinder. Ob ohne oder mit Sattel, er bewegt sich langsam und vorsichtig vorwärts und vermittelt jedem Anfänger, dass Reiten Spaß macht und einfach ist. Charly würde nie davongaloppieren oder den Reiter abbuckeln. Er ist in der Rittigkeit ein optimaler Milz-Pi-Typ für kleine Anfänger.

Charly, die Lebensversicherung

KÖRPERMERKMALE

Charly liebt die Futteraufnahme und ist dadurch immer mollig. Er wird nur noch selten geritten, meist geht er mit seiner Besitzerin spazieren oder trainiert kleine Kinder. Er hat einen Hängebauch, seine Schleimhäute sind rosa, der Puls ist langsam und voll. Seine feuchte Zunge zeigt Charly, entsprechend seinem Milz-Typ, gerne und lässt sie aus dem Maul nehmen, anfassen und massieren.

FAZIT

Charly steht mit seinen 24 Jahren im harmonischen Milz-Pi-Typ. Die Besitzerin hat Charly durch geschicktes Futterlob viele Kunststücke beigebracht. Charly geht jeden Tag auf die Wiese und wird zusätzlich bewegt, um seinen Geist und seinen Körper gesund zu erhalten.
Der Akupressurpunkt zum psychischen Ausgleich des Milz-Pi-Typs ist Mp6.

Wahre Freunde

Für eine Möhre leistet Charly alles.

PATIENTENBEISPIEL HERZ-XIN-TYP IN HARMONIE

PSYCHE

Häufig zeichnet sich der normalerweise ruhige Herz-Typ durch plötzlich auftretende Erregungszustände, die sich bis zur Hysterie steigern können, aus. Diese Aufregung kann sich steigern, sodass der Herz-Xin-Typ nicht mehr auf seine und des Besitzers Unversehrtheit achtet und es zu Verletzungen kommt. Dieses Verhalten trifft auf Ayumi zu. Die 12-jährige Rappstute ist ein liebenswerter, freundlicher Charakter im alltäglichen Umgang. Sie freut sich über das Kommen der Besitzerin, würde niemals schupsen oder beißen und schmust gerne. Aber schon 4-jährig konnte sie manchmal beim alltäglichen Reiten urplötzlich in Aufregung geraten und war in wenigen Minuten schweißüberströmt. Die Reiterin hatte in solch einer Situation Mühe, absteigen zu können, weil die Stute unansprechbar war. Am nächsten Tag gab es keinerlei Probleme und Ayumi ging, als wäre nichts geschehen.
Aus Sicht der Traditionellen Chinesischen Medizin kontrolliert das Herz nicht nur den Geist, sondern auch das Schwitzen. Herz-Xin-Typen neigen zum extremen Schwitzen und zum Nachschwitzen. Sie trocknen während des abschließenden Schrittreitens und Absattelns, fangen aber in der Box wieder an zu schwitzen. Ayumi zeigte diese Symptomatik und es erforderte sehr viel Geduld und Nachsicht der Reiterin, um damit umzugehen.

SOZIALVERHALTEN

Der Herz-Xin-Typ ist in der Herde eher ein Einzelgänger oder er sucht sich einen Pferdefreund aus, an dem er besonders hängt. Der Herz-Xin-Typ Ayumi war eher ein Einzelgänger und hatte kein Interesse am Weidegang mit anderen Pferden. Sie ging gelassen zur Wiese und begann, zu grasen. Es konnte passieren, dass sie nach zehn Minuten extrem aufgeregt am Weidetor stand und in die Box wollte. Wurde dieser Anforderung nicht sofort Folge geleistet, bestand eine große Verletzungsgefahr, da Ayumi zu schwitzen begann und gegen das Weidetor rannte. Kein noch so gelassener Weidekumpel konnte dieses Verhalten verhindern.

Ayumi ist eine 12-jährige Rappstute.

Ayumi hat ihr Gleichgewicht gefunden.

Ying-Yang-Ausgleich

KÖRPERMERKMALE/ RITTIGKEIT

Ayumi ist ein sehr schönes Pferd. Sie hatte aufgrund ihres harmonischen Körperbaus und ihrer ausdrucksstarken Bewegungen keine körperlichen Rittigkeitsprobleme. Sie lernte alle Dressurlektionen leicht. Sie stellte ihre Reiterin aber immer wieder vor große Probleme, weil sie an manchen Tagen in ihrer Hysterie nicht zu trainieren war.

FAZIT

Xin, das Herz, ist nach dem chinesischen Medizinverständnis der Sitz des Geistes und des Verstandes. Kann das Herz den Geist nicht kontrollieren, kommt es zum Beispiel zu Panik und Hysterie. Der Herz-Typ lässt sich mit Akupunktur und Chinesischen Rezepturen sehr gut unterstützen. Ayumi wurde regelmäßig akupunktiert und ihre Reiterin ertrug die Ausraster mit Geduld und Fassung. Sobald Ayumi hysterisch wurde, stieg sie ab, führte Ayumi und brachte sie zurück in die Box. Im Gegensatz zum dominanten, schlauen Leber-Gan-Typ, bei dem die Reiterin sich in solch einer Situation durchsetzen müsste, braucht der reine Herz-Xin-Typ Zeit zur Ruhe. In der Box akupressierte die Reiterin immer den Yin-Yang-Ausgleich.

Im Laufe der Ausbildung wurde Ayumi immer belastbarer und auf Turnieren sehr erfolgreich. Die extremen Schwitzattacken sind völlig verschwunden. Ayumi ist jetzt ein reiner Herz-Xin-Typ in Harmonie.

PATIENTENBEISPIEL LUNGEN-FEI-TYP IN HARMONIE

PSYCHE / RITTIGKEIT

Kiwi wurde mit 12 Jahren als Vielseitigkeitspferd an die heutige Reiterin verkauft. Bis dahin war er erfolgreich Vielseitigkeiten und Springen der Klasse A gegangen und sollte seine junge, neue Reiterin in die Vielseitigkeit einführen. Kiwi erwies sich als der perfekte Lehrmeister. Im Stall eher ein unauffälliges Pferd, entwickelte er im Gelände eine vitale und leistungsstarke Ausstrahlung. Er ließ sich mit leichter Hilfengebung regulieren, verlor niemals die Übersicht und achtete auf seine Reiterin. Sein verantwortungsvolles Verhalten gab ihr Sicherheit und so konnten sie in höheren Prüfungen erfolgreich starten.

Seine Psyche zeichnet sich durch Gelassenheit, Arbeitsfreude und Freundlichkeit aus. Er liebt den Kontakt mit Menschen, lässt sich mit Halsring reiten und freut sich über entspannte Ausritte.

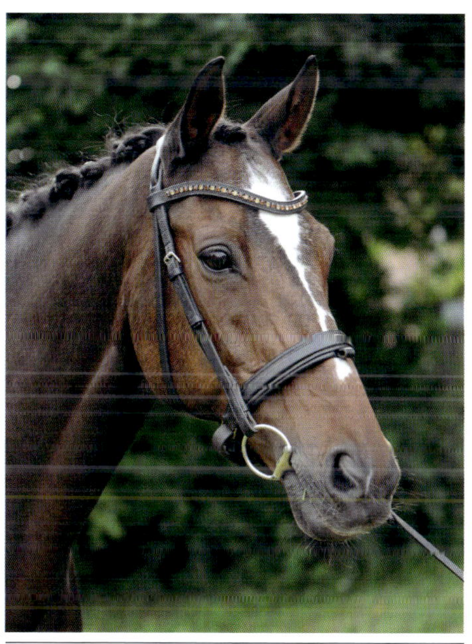

Kiwi ist ein 19-jähriger Wallach.

Der vitale Kiwi freut sich über jeden Sprung.

Jeden Tag freut sich Kiwi auf seine Nachwuchsreiterin.

SOZIALVERHALTEN

Beim Weidegang geht er jedem Streit aus dem Weg, wird von den anderen aber auch nie bedrängt.

KÖRPERMERKMALE

Kiwi ist ein zierliches, vollblütiges Pferd. Seine Schleimhäute sind rosa und die Zunge ist rosa, etwas trocken und von fester Konsistenz. Er hat ein trockenes Fundament, mit klaren, niemals angelaufenen Beinen. Im Schritt und Galopp liegen seine Stärken, sein Trab ist geregelt, aber wenig ausdrucksstark. Beim Ausprobieren waren die Käufer über seine Unscheinbarkeit enttäuscht und probierten Kiwi aus reiner Höflichkeit aus. Das Desinteresse wechselte schlagartig in Bewunderung, als schnell ersichtlich wurde, dass das kleine Pferd die junge Reiterin mit Dynamik, aber immer regelbar und mit Souveränität über die Gelände-Hindernisse trug. So geht es vielen reinen Lungen-Fei-Typen. Sie werden schnell übersehen, weil sie sich nicht so präsentieren wie zum Beispiel der Leber-Gan-Typ. Es gibt aber keinen anderen Typ, der in der Rittigkeit so überzeugt wie der Lungen-Fei-Typ. Kiwi (der reine Lungen-Fei Typ) gewinnt in der Arbeit und durch seine konsequente, zuverlässige Arbeitskraft. Er lernt schnell, kann die Abfolgen der Lektionen rasch erfassen und bemüht sich, auch bei körperlichen Schwierigkeiten den reiterlichen Hilfen zu folgen. Da er mitarbeitet und versucht sein Bestes zu geben, kann er ständiges Unterordnen und ständiges Wiederholen schlecht vertragen. Er ist ein Kämpfer, der selbstständig mitdenkt.

FAZIT

Kiwi steht heute im harmonischen Lungen-Fei-Typ. Er ist gesund und freut sich jeden Tag auf das abwechslungsreiche Training.
Er bevorzugt Ausritte und bleibt vor dem Dressurtraining schon mal vor der Hallentür stehen und erfragt, ob Dressur heute wirklich auf dem Programm steht. Da er ein reiner Lungen-Fei-Typ ist, kommt aber keine Widersetzlichkeit, wie beim Leber-Gan-Typ, oder Angst, wie beim Nieren-Shen-Typ, auf, sondern der Lungen-Fei-Typ arbeitet in der Dressur fleißig mit.
Die Reiterin pflegt ihren Lungen-Fei-Typ sehr, akupressiert zwei Mal pro Woche Niere3 und hofft, noch eine lange Zeit mit Kiwi verbringen zu können.
Der Akupressurpunkt zum psychischen Ausgleich des Lungen-Fei-Typs ist Lunge 7. Der Akupressurpunkt wird abwechselnd am linken und rechten Vorderbein eine Minute akupressiert.

PATIENTENBEISPIEL MILZ-NIERE-MISCHTYP IN HARMONIE

PSYCHE/ SOZIALVERHALTEN

Pequeno hat seine Jugend in Andalusien verbracht und wurde dort wenig geritten. Ende 8-jährig wurde er nach Deutschland verkauft. Pequeno wirkt beim ersten Anblick sehr ruhig und gelassen. Er zeigt keinerlei Hengstverhalten anderen Pferden gegenüber und kann neben anderen Pferden angebunden werden. Andere Pferde interessieren ihn nicht. Er ist sehr auf seine Reiterin fixiert und begrüßt sie mit lauter, hoher Babystimme. Seine zweite große Leidenschaft ist die Futteraufnahme. Das sonst gelassene Pferd wird beim Anbinden zappelig und unruhig, sobald es Futter in seiner Box vermutet. Acht Wochen nach seiner Ankunft

Pequeno ist ein 8-jähriger PRE Hengst.

Pequeno genähte Wunde am Knie

in Deutschland verletzte Pequeno sich am linken Knie, indem er in ein Weidetor sprang. Er musste für einige Wochen in die Tierklinik. In der Klinik ängstigte sich Pequeno und zitterte, sobald die Tierärztin die Box betrat und die Wunde behandelte, obwohl alle sehr freundlich und ruhig mit ihm umgingen. Wieder zu Hause, zeigte Pequeno Angstverhalten und Schreckhaftigkeit. Seine zuvor vorhandene Gelassenheit war verschwunden. Sechs Wochen lang wurde er geführt und durfte nicht auf die Weide. Die Reiterin musste aufpassen, dass er nicht blitzschnell wegsprang und davonlief oder zitternd stehenblieb. Aus diesem Grund erhielt er eine chinesische Rezeptur zur Aufhebung der Angst und zur Stärkung des Milz-Nieren-Typs.
Er wurde zusätzlich jeden Tag mehrere Male aus der Box genommen und eine halbe Stunde spazieren geführt, damit er in Ruhe seine Umgebung wahrnehmen konnte. Jedes Mal, wenn er keine Angst zeigte, wurde er gelobt.

RITTIGKEIT

Pequeno ist ein arbeitsfreudiges Pferd. Zu Beginn der Reitstunde braucht er einige Minuten, bis er emsig und eifrig vorwärtsgeht. Hier zeigt sich die „Dieseleigenschaft" seiner Milz-Pi-Komponente. Den Rest des Trainings ist er aufmerksam und lernt sehr schnell. Manchmal ist er übereifrig und glaubt, die nächste Lektion zu wissen, obwohl noch keine Hilfe gegeben wird.

Nach drei Monaten hat Pequeno seine Angstzustände überwunden und geht – aufgrund seines Milz-Typ-Anteils – gelassen an der Longe.

Freude und Vitalität

Pequeno ist wieder der „Alte".

Das ist typisch Nieren-Shen-Typ. Sobald aber durchpariert wird, geht er gelassen Schritt und wird zum gemütlichen Milz-Pi-Typ.

KÖRPERBAU

Pequeno ist ein kleines, schwarzes, attraktives spanisches Pferd. Er hat eine sehr lange Mähne und einen vollen, dichten Schweif. Sein Körper ist kurz mit einem imponierenden Halsaufsatz. Der Bewegungsablauf ist taktmäßig mit hohem Vorderbein und guter Galoppade.

Er ist ein Pferd in guter Kondition mit ausgeprägten Muskeln. Normalerweise ist sein Puls voll, aber nicht gespannt. Seine Schleimhäute, die hell sind, und eine weißliche Zunge, die sich zögerlich anfassen lässt, sind typisch für den Nieren-Shen-Typ. Der Puls ist voll und gleichmäßig und entspricht dem Milz-Pi-Typ. Nach dem Klinikaufenthalt hatte der Puls sich verändert. Die Disharmonie zeigte sich in einem schwachen und schnellen Puls. Erst nachdem Pequeno sich wieder körperlich und geistig erholt hatte, war wieder ein voller und gleichmäßiger Milz-Puls zu fühlen.

FAZIT

Die harmonische Typenkombination von Niere und Milz lässt immer eine gute Rittigkeit entstehen, da die Eifrigkeit und Intelligenz des Nieren-Shen-Typs durch die Gemütlichkeit und Angstfreiheit des Milz-Pi-Typs optimal verbunden wird. Diese Pferde erscheinen oft mutig, da sie, wenn sie in Harmonie sind, auch auf dem Turnier und im Gelände keine Angst zeigen. Von Vorteil ist, dass sie niemals die Dominanz wie der Leber-Gan-Typ entwickeln.

Pequeno präsentierte einen harmonischen Nieren-Milz-Typ, bis es zur Verletzung und zum Klinikaufenthalt kam. Ein reiner Milz-Pi-Typ hätte in so einer Situation niemals mit extremen Angstzuständen reagiert.

Auch dieses interessante Pferdebeispiel entspricht der Traditionellen Chinesischen Aussage, dass eine Erkrankung immer Einfluss auf den Körper und den Geist hat. Pequeno brauchte eine Zeitlang nach dem Unfall, um seinen harmonischen Milz-Nieren-Typ wieder zu entwickeln. Heute ist er wieder der ausgeglichene Pequeno und liebt seine Reiterin, sein Futter und seinen Weidegang.

PFERDETYPEN IN DISHARMONIE

— *Fallbeispiele*

PATIENTENBEISPIEL LEBER-GAN-TYP IN DISHARMONIE

Jolie, eine 10-jährige Stute, wird zur Untersuchung vorgestellt. Während der letzten Saison war sie erfolgreich in L-Dressuren platziert. In den letzten drei Monaten hatte die Besitzerin begonnen, fliegende Wechsel zu reiten. Da Jolie im Leber-Gan-Typ steht, hat sie sehr schnell die Hilfengebung begriffen. Als die fliegenden Wechsel aber durch tägliche Wiederholungen, mit Bestrafung bei Fehlern, perfektioniert werden sollten, verspannte sich die Stute in der Rückenmuskulatur und wehrte sich gegen die Hilfen der Reiterin. Zeitgleich zu den Problemen beim Reiten traten auch Probleme im Umgang auf. Jolie begann, sich in der Box umzudrehen und der Besitzerin die Hinterhand zuzuwenden, wenn sie sie auftrensen wollte. Diese hatte versucht, das Pferd zu strafen, meinte aber, eher eine Verschlechterung als Verbesserung herbeigeführt zu haben.

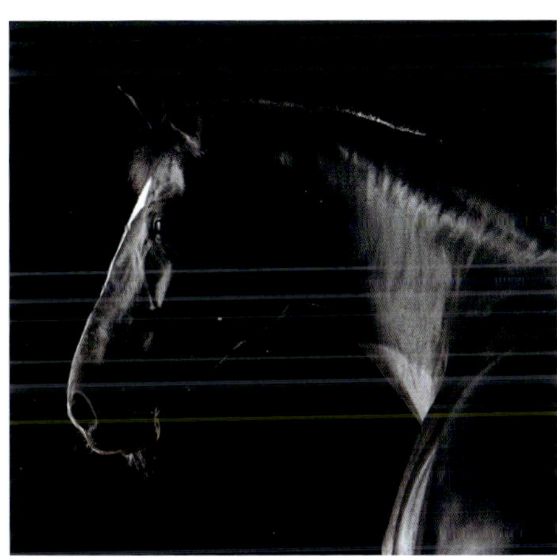

Jolie ist eine 10-jährige Stute.

PSYCHE / RITTIGKEIT

Jolie steht im Leber-Gan-Typ. Sie hatte immer sehr leicht und schnell gelernt, aber auf falsche Hilfengebung oder zu häufige Wiederholung einer Lektion mit Widerstand reagiert. Die Reiterin war sehr routiniert in der Pferdeausbildung und hatte sich mit der Reizbarkeit der Stute arrangiert, zumal sie auf Turnieren keinerlei Angst zeigte und auf dem Viereck hervorragend ging. In den Jahren zuvor hatte die Reiterin auf die Widersetzlichkeiten der Stute reagiert, indem sie die Anforderungen für kurze Zeit reduzierte.

Jolie ausgeglichen

Jolie im Leber-Qi-Stau

Diesmal hatte sie aber gemeint, die Stute sei „allmählich alt genug, um Druck auszuhalten". Aber sie ist und bleibt ein Leber-Gan-Typ ein Leben lang und wird auf übermäßigen Druck immer mit Anspannung und Reizbarkeit reagieren. Ein Leber-Gan-Typ verlangt konsequentes Verhalten von seinem Reiter, reagiert aber ärgerlich auf Überforderung. Aus diesem Grund sind Leber-Gan-Typen schwierig für unroutinierte Reiter. In diesem Falle hatte Jolie schon einen Leber-Qi-Stau entwickelt und es traten Muskelverspannungen im Rücken auf.

SOZIALVERHALTEN

Jolie geht mit einem Wallach namens Tomu auf die Wiese. Der Weidekumpel ist gemütlich, sehr freundlich und eher ängstlich. Er ist ein Mischtyp zwischen Milz-Pi-Typ und Nieren-Shen-Typ, ein Milz-Nieren-Typ (siehe S. 54).

Da die dominante Jolie niemals Angst zeigt, folgt er ihr bereitwillig überallhin und wirkt durch seine friedfertige Art sehr ausgleichend auf Jolie.

KÖRPERMERKMALE

Jolie ist ein schönes, ausdrucksstarkes Pferd mit sehr gutem Galopp und Schritt. Der Trab ist nicht überragend, aber da Jolie sich auf dem Viereck sehr charmant darstellt, bekommt sie gute Beurteilungen.

Die Schleimhäute sind rötlich und die Zunge ist ebenfalls rötlich und von fester Konsistenz.

Jolie ist hautsensibel und wird aus diesem Grund mit einem Fell unter dem Sattel und Gurt geritten.

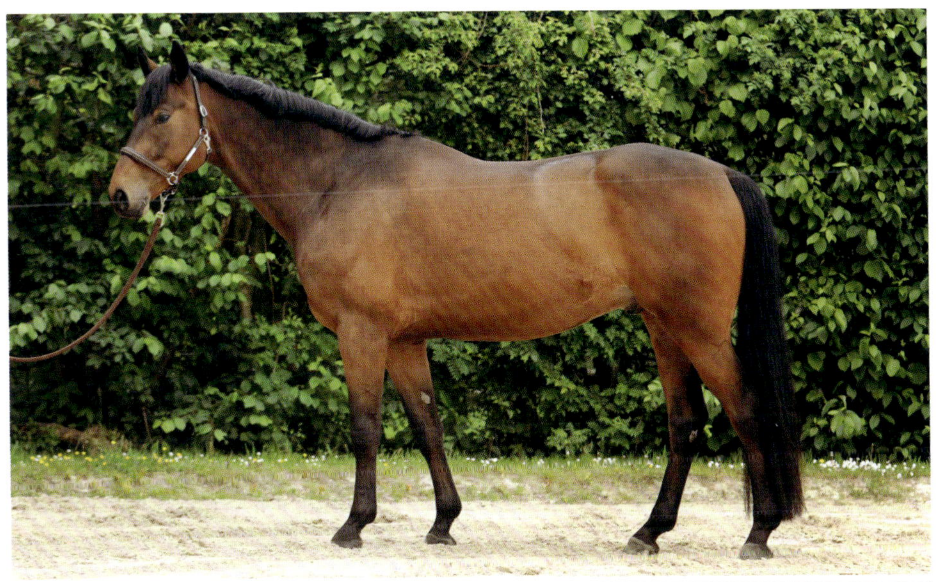

Tomu ist ein Milz-Nieren-Mischtyp. Seine Ausgeglichenheit beeinflusst Jolie positiv.

FAZIT

Jolie stand vollständig im harmonischen Leber-Gan-Typ. Sie war sehr erfolgreich auf Turnieren. Die Reiterin hatte sie geschickt gefördert, zuletzt aber vergessen, dass ein Leber-Typ sich nicht unterdrücken lässt. Mit dem Erkennen des Pferdetyps fällt es ihr sehr viel leichter, mit der Dominanz der Stute umzugehen.

Jolies Weidegang mit dem unsicheren Milz-Nieren-Typ Tomu ist für beide Pferde eine Win-win-Situation und harmonisiert beide Pferdetypen.

Jolie wurde aufgrund der Rückenschmerzen zwei Mal akupunktiert, und nach weiteren zehn Tagen erfolgte die Nachuntersuchung. Jolie brauchte kein weiteres Mal akupunktiert zu werden.

Zur Harmonisierung des Leber-Typs akupressierte die Reiterin Le3 an beiden Hinterbeinen alle zwei Tage. Die Stute wurde zunehmend ausgeglichener und arbeitswilliger, sodass die kommende Saison sehr erfolgreich verlief. Jolie wird weiterhin zur Harmonisierung ihres Leber-Gan-Typs ein Mal pro Woche an Leber 3 akupressiert.

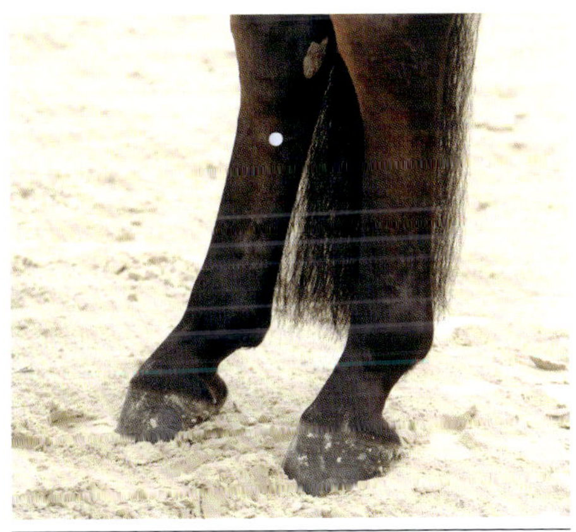

Leber 3 wird für zwei Minuten akupressiert.

PATIENTENBEISPIEL NIEREN-SHEN-TYP IN DISHARMONIE

Bärli, eine 9-jährige Stute und Freizeitpferd, hatte vor vier Wochen den Stall gewechselt. Im alten Stall bekam sie täglich sechs Stunden Weidegang in Gesellschaft anderer Pferde und fühlte sich sehr wohl. In der neuen Herde wurde sie als Neuling jeden Tag gejagt, stand abseits und zeigte nach einiger Zeit während des Ausreitens extreme Angstreaktionen. Bärli ist ein typischer Nieren-Shen-Typ.

Bärli ist eine 9-jährige Stute.

PSYCHE/ SOZIALVERHALTEN)

„Bärli ist ein liebevolles, friedfertiges, eher ängstliches Pferd“, berichtete seine Besitzerin. Sie ordnet sich, typisch Nieren-Shen-Typ, anderen Pferden unter, hatte aber in der alten Herde eine mittlere Position, um die sie nicht kämpfen musste.

RITTIGKEIT

Bärli zeigte als junges Pferd Angst, sobald ihre Reiterin aufsteigen wollte. Deshalb hatte ihre Freundin ein ruhiges Pferd, einen Freund von Bärli, beim Aufsteigen neben diese gestellt. Der Pferdefreund vermittelte Bärli Sicherheit und die Furcht vor der aufsteigenden Reiterin verschwand. Außerdem übte die Reiterin geduldig mit dem Ausdruck „Hoo“, dass Bärli in jeder Situation stehenblieb. Dadurch lernte sie, ihre Unsicherheit nicht in Davonstürmen umzusetzen, sondern erstmal durchzuatmen und die neue Situation in Ruhe zu betrachten.

In der täglichen Arbeit ist sie eifrig und bestrebt, alles richtig zu machen. Da sie schnell lernt, wartet die Reiterin nach dem Erlernen

Bärli sieht man ihre Schüchternheit an.

einer Lektion sehr lange mit dem Beginn von etwas Neuem. Sonst wirft der Nieren-Shen-Typ Bärli aus Übereifer alles durcheinander.

KÖRPERMERKMALE

Bärli ist ein zierliches, feingliedriges Pferd. Ihr Fell ist kurz und fein. Sie friert im Winter schnell und ihre Lendenpartie ist auch im Sommer häufig kühl. Sie wird deshalb schon früh im Herbst eingedeckt. Ihre Schleimhäute sind hell und sie hat immer Bedenken, ihre Zunge zu zeigen. Nach freundlichem Zureden ist sie aber bereit, ihre kleine, weißliche Zunge anfassen und betrachten zu lassen.

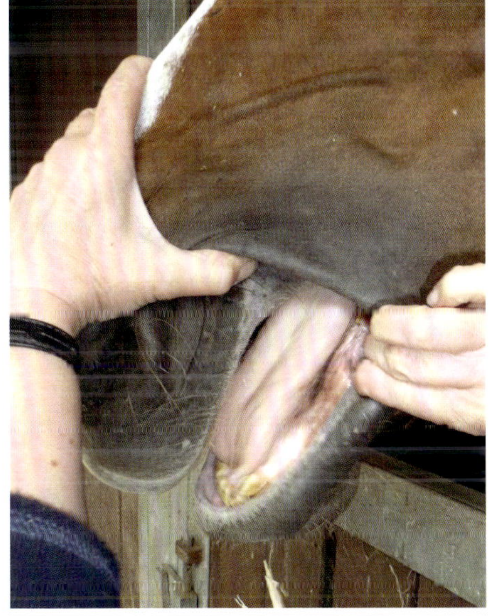

Der Nieren-Typ hat eine weiße Zunge.

Bärli hatte durch den Stress eine Nackenverspannung. Die Akupressur lässt sie entspannen.

FAZIT

Bärli steht im Nieren-Shen-Typ. Im alten Stall zeigte Bärli alle Merkmale eines harmonischen Nieren-Shen-Typs. Ihre Reiterin stärkte geschickt ihr Selbstwertgefühl. Leider wurde dieses Selbstbewusstsein durch den Stallwechsel und die Unterdrückung in der neuen Herde stark beeinträchtigt. Die Angstattacken waren ein deutliches Signal für Disharmonie im Nieren-Shen-Typ.

Die Besitzerin akupressierte nach Absprache zwei Mal täglich Ni3 und einen Yin-Yang-Ausgleich.

Nach einer Woche war das Verhalten im Gelände wesentlich besser und gelassener, aber innerhalb der Herde blieb die Situation unverändert. Die Störung lag also schon tiefer, und um eine stärkere Wirkung zu erreichen, wurde Bärli zusätzlich akupunktiert. Die Besitzerin akupressierte zusätzlich zwei Mal täglich die Akupressurpunkte Ni3 und Bl10, die aus TCM-Sicht die Entscheidungsfreudigkeit fördern und Wind eliminieren. Voller Begeisterung erfolgte drei Tage später die Meldung: „Bärli hat sich in der Herde einmal richtig gewehrt. Sie hat jetzt einen Pferdefreund gefunden und kann sich unbelästigt auf der Weide bewegen."

Wäre Bärli weiter von den anderen Pferden gejagt und verängstigt worden, wäre die Stagnation und Disharmonie in ihrem Nieren-Shen-Typ massiver geworden. Dadurch hätten sich die Angstattacken verstärkt und sicherlich wären weitere Erkrankungen oder Verletzungen entstanden.

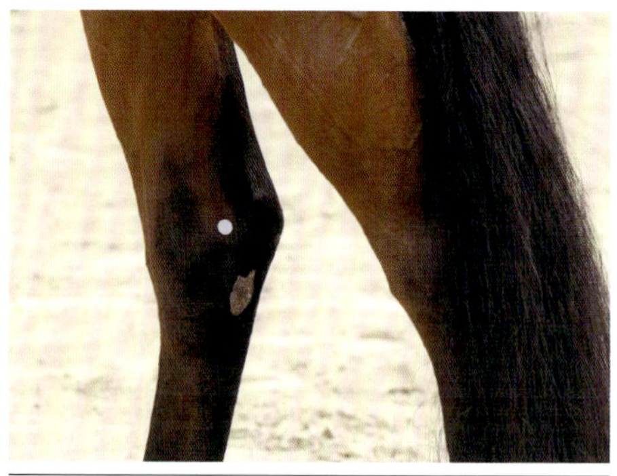

Niere 3 wird für eine Minute akupressiert.

PATIENTENBEISPIEL MILZ-PI-TYP IN DISHARMONIE

Fango, ein 10-jähriger Wallach, ist erfolgreich auf den Turnieren in Dressur bis Klasse M. Die Besitzerin hatte Fango 4-jährig gekauft, und schon damals war ihr eine gewisse Steifheit im unteren Halsbereich aufgefallen. Aus diesem Grund wurde der Wallach am Hals geröntgt. Die Bilder zeigten aber keine Auffälligkeiten. Die Lektionen bis zur Klasse M hatte Fango leicht gelernt, nur die Traversalen fielen ihm schwer. Die Reiterin wollte gern über den Winter Pirouetten und Galoppwechsel üben. Dabei hatte sie versucht, Fango mehr in der Hinterhand zu setzen. Nach 14 Tagen blieb der Wallach während des

Fango, ein 10-jähriger Wallach

Trainings plötzlich stehen und weigerte sich mehrere Minuten lang, vorwärtszugehen. Zuerst hatte die Reiterin versucht, das Pferd mit Strenge unter Kontrolle zu bekommen, aber Fango wurde von Tag zu Tag triebiger und ließ sich immer schlechter durchs Genick reiten. Hinzu kam eine Appetitlosigkeit, die für Fango, der im Milz-Pi-Typ steht, sehr ungewöhnlich war. In diesem Zustand wurde mir Fango vorgestellt. Die Besitzerin nahm eine Blockade im Kreuzdarmbeingelenk an. Auf meinen Ratschlag hin wurde Fango einer Tierklinik vorgestellt und eine neue Röntgenaufnahme der Halswirbelsäule vorgenommen. Im Gegensatz zur früheren Aufnahme sah man eine massive Arthrose zwischen dem fünften und sechsten Halswirbel. Die Klinik überwies Fango ohne weitere Behandlung an mich zurück.

Obwohl Fango Schmerzen hatte, ließ er sich reiten.

PSYCHE / RITTIGKEIT

Fango hat einen gemütlichen, liebenswerten Charakter. Seine Reiterin berichtet, dass er zwar langsam lernt, aber seine Lektionen, wenn er sie verstanden hat, sehr sicher ausführt. Auf dem Turnier reitet sie nur kurz ab, damit Fango nicht zu müde im Viereck wird. Am besten sehe er in der Siegerehrung aus, weil er sich da etwas aufregt und Ausdruck zeigt.

SOZIALVERHALTEN

Fango steht friedlich mit drei anderen Pferden auf der Weide. Er streitet sich mit keinem seiner Weidefreunde, sondern ist hauptsächlich am Grasen interessiert.

KÖRPERMERKMALE

Fango hat einen harmonischen Körperbau mit der Tendenz zu einem Hängebauch. Seine Muskulatur und sein Bindegewebe fühlen sich weich an, der Bereich im unteren Halsbereich reagiert aber schmerzhaft verspannt. Er zeigt keine Lahmheit.
Fango hat ein großes, weiches Maul mit einer hängenden Unterlippe. Sein Puls ist voll, tief und langsam, seine Schleimhäute sind rosa und er liebt es, wenn man seine Zunge aus dem Maul zieht und sie massiert.
Die Veränderungen der Halswirbel waren sicherlich nicht plötzlich entstanden, sondern stellten einen chronischen Prozess dar. Durch seine Freundlichkeit und Bemühtheit hatte der Wallach bisher alle Lektionen gelernt. Seine Reiterin erzählte, dass der

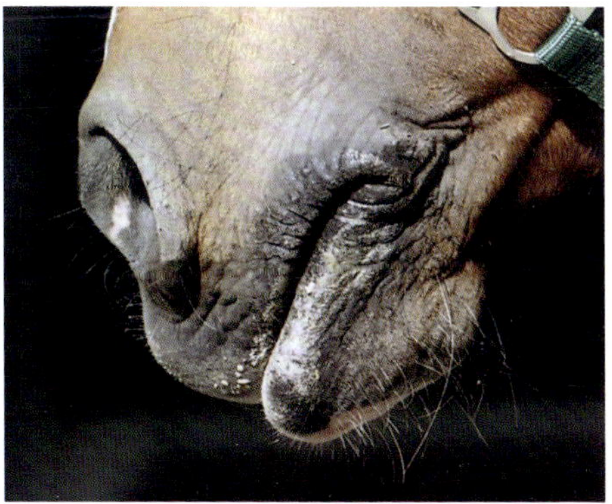

Typisch für den Pi-Typ: Das weiche Maul…

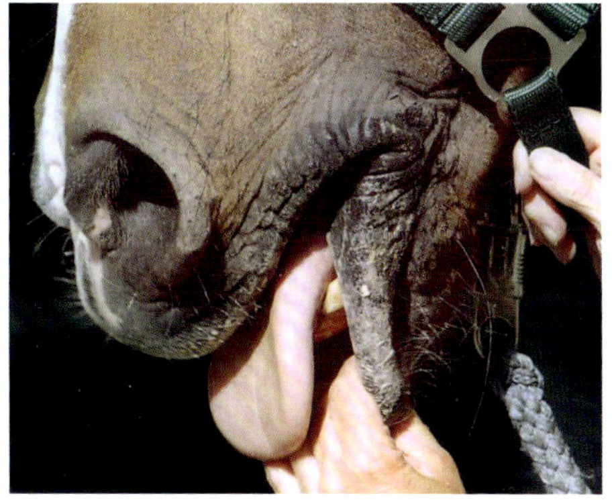

… und die weiche Unterlippe

Wallach immer besser aussehe, als er sich anfühlen würde. Deshalb hatte sie den steifen Hals kompromissbereit ignoriert, zuletzt aber versucht, „Fango, richtig durchzureiten“. Sehr bedenklich ist die Appetitlosigkeit des fressfreudigen Pferdes.

Milz-Pankreas 6 wird eine Minute akupressiert.

FAZIT

Fango war ein harmonischer Milz-Pi-Typ. Durch die reiterliche Überbelastung ist die Arthrose aktiv geworden und Fango hat Schmerzen. Da er nicht zu Widersetzlichkeit gegen den Reiter neigt, wurde Fango resignierter und fraß nicht mehr. Eine Gastroskopie wies ein Magengeschwür nach. Fango hatte sich psychisch und körperlich zu einem Milz-Pi-Typ in Disharmonie entwickelt. Fango wurde sechs Mal im Abstand von einer Woche akupunktiert und mit chinesischen Rezepturen versorgt. Die Reiterin machte sich große Vorwürfe, weil sie die Probleme ihres artigen Pferdes nicht erkannt hatte. Fango erhielt eine Pause und wurde jeden Tag mit MP6 für eine Minute akupressiert. Er erholte sich zunehmend und konnte im nächsten Jahr wieder erfolgreich auf dem Turnier starten.
Die Reiterin beobachtet ihren Milz-Pi-Typ jetzt genau und überlastet ihn nicht mehr. Eine Appetitlosigkeit hat Fango nie mehr gezeigt.
Der Akupressurpunkt für den psychischen Ausgleich von Fango ist MP6.

PATIENTENBEISPIEL HERZ-XIN-TYP IN DISHARMONIE

PANIKANFÄLLE BEIM FÜHREN

Kleine Fee ist eine 7-jährige Stute, die beim Training in der Halle angenehm zu reiten ist, aber beim Führen extreme Panikanfälle bekommt. Sie ist dann schwierig zu kontrollieren. Ihre Besitzerin stürzte dadurch und hat sich den Arm gebrochen. Ein Bereiter hat versucht, der Stute beim Führen Manieren beizubringen. Leider ist sie danach sogar einmal in der Halle losgetobt, als sie seine Stimme hörte. Eine tierärztliche Untersuchung hat keine pathologischen Befunde erbracht. Die Reiterin ist verzweifelt und lässt ihr Pferd aus Traditioneller Chinesischer Sicht von mir untersuchen. Außerdem besprechen wir alle Situationen, in denen Kleine Fee sich führen ließ, und die Paniksituationen, in denen sie durchdrehte.

PSYCHE/ SOZIALVERHALTEN

Kleine Fee wird ihrem Namen gerecht, sie ist zierlich, hübsch, dem Menschen zugewandt. Im Umgang zeigt sie keinerlei Hektik, bleibt beim Putzen und Satteln gelassen stehen. Sie geht jeden Tag auf den Paddock. Auf dem Weg dorthin gab es noch nie Probleme. Ihr Freund ist ihr Boxennachbar, ein dicker Milz-Pi-Typ, den sie laut wiehernd begrüßt, wenn sie in den Stall zurückkommt. An anderen Pferden ist sie nicht interessiert.

Kleine Fee kann hysterisch sein.

Kleine Fee in Harmonie

Kleine Fee in Disharmonie

RITTIGKEIT

Kleine Fee lässt sich in der Halle gut reiten. Sie lernt schnell und vergisst das Erlernte nicht. Sie ist nicht sonderlich eifrig, aber folgsam.

KÖRPERBAU

Kleine Fee ist ein elegantes, apartes Pferd. Ihre Bewegungen sind taktmäßig, ohne großen Raumgriff. Sie ist sehr bequem zu sitzen. Die Hufe und Gelenke sind zierlich, trocken. Kleine Fee steht im Herz-Xin-Typ, das wird bei der Ansicht der Schleimhäute und des Pulses deutlich. Die Schleimhäute und die Zunge haben einen bläulichen Schimmer. Der Puls ist oberflächlich und wechselt zwischen gespannt und weich.

FAZIT

Der Herz-Xin-Typ in Disharmonie zeichnet sich durch plötzlich auftretende Erregungszustände aus, die sich bis zur Hysterie steigern können. Diese Aufregung kann sich so weit steigern, dass das Pferd nicht mehr auf seine und des Besitzers Unversehrtheit achtet und es zu Verletzungen kommt. Ein Herz-Xin-Typ wird manchmal mit einem Nieren-Shen-Typ verwechselt. Aber der Nieren-Shen-Typ ist im Normalzustand eher nervös und ängstlich und lässt sich durch beruhigende Worte beeinflussen. Durch Aufbau seines Selbstbewusstseins wird der Nieren- Shen-Typ immer gelassener, während der Herz-Xin-Typ im Normalzustand nicht ängstlich ist, sondern sogar unsensibel sein kann. Dieser Typ kann im Umgang eher ruhig oder sogar robust wirken.

Milz-Typ King Kong beruhigt Kleine Fee.

Kommt er aber in Erregung, steigert er sich in eine Hysterie, die durch beruhigende Worte nicht mehr zu beeinflussen ist. Xin, das Herz, ist nach dem chinesischen Medizinverständnis der Sitz des Geistes und des Verstandes. Kann das Herz den Geist nicht kontrollieren, kommt es zum Beispiel zu Panik und Hysterie.

Typischerweise ist der Herz-Xin-Typ nur an einem Pferdefreund interessiert. Kleine Fee hängt sehr an ihrem Boxennachbarn, einem dickeren, gemütlichen Milz-Pi-Typ namens „King Kong". Dieser wird immer vor ihr auf den Nachbar-Paddock gebracht. Also freut sie sich, ihn wiederzusehen, und lässt sich folgsam dorthin führen. Die Versuche, auf Kleine Fee erzieherisch während des Panikanfalls einzuwirken, sind zum Scheitern verurteilt, weil ein Herz-Typ in diesem Moment nicht ansprechbar ist und eher Angst vor dem Menschen entwickelt. Ich schlage vor, dass King Kong immer zusammen mit Kleine Fee in die Reithalle geführt und sie nach dem Training von ihm abgeholt wird. Erfreulicherweise ist die Besitzerin von King Kong bereit, dieses aufwendige Programm für vier Wochen durchzuführen. Lammfromm folgt Kleine Fee ihrem geliebten Freund in die Halle und zurück. Das Reittraining klappt weiterhin ohne Probleme. Außerdem wird Kleine Fee zwei Mal pro Woche akupunktiert und erhält eine chinesische Rezeptur zur Stabilisierung des Geistes. Die Reiterin akupressiert jeden Tag den Yin-Yang-Ausgleich.

Nach zwei Wochen wird King Kong zuerst in die Halle geführt und wartet dort auf Kleine Fee. Deren Reiterin ist ausgesprochen nervös, als sie das erste Mal Kleine Fee alleine zur Reithalle führt. Aber zielstrebig läuft ihre Stute mit zum Training.

Nach weiteren zwei Wochen kann Kleine Fee sicher zur Halle geführt werden. Die Panikattacken sind behoben. Die Rezeptur zur Stabilisierung des Geistes wird für ein halbes Jahr weitergegeben.

Ein positiver Nebeneffekt hat sich ergeben. King Kongs Besitzerin ritt ihren Wallach sehr selten. Es wurde ihr zu langweilig, auf das Ende von Kleine Fees Reitstunde zu warten. Deshalb begann sie, King Kong in der Halle mitzureiten. Dieser Umstand ist von Vorteil für den molligen King Kong. King Kong ist ein sehr zuverlässiges Ausreitpferd. Kleine Fee hat mit ihm schon mehrmals einen kleinen Ausritt bestanden, darüber ist ihre Reiterin sehr glücklich. Es ist für beide Pferde eine Win-win-Situation entstanden.

PATIENTENBEISPIEL LUNGEN-FEI-TYP IN DISHARMONIE

RÜCKENMUSKEL-VERSPANNUNGEN NACH EINTÖNIGEM TRAINING

Livius, ein 6-jähriger, für den Dressursport sehr gut veranlagter Wallach, sollte für ein großes Turnier vorbereitet werden. Obwohl der im Lungen-Fei-Typ stehende Livius alle Lektionen sehr schnell begriffen hatte, fiel ihm aufgrund seiner Jugend das konzentrierte Durchhalten während einer Dressuraufgabe schwer. Der Reiter hatte ihn deshalb zwei Mal pro Tag eine halbe Stunde trainiert und die Aufgabe immer wieder geübt. Nach einer Woche trabte Livius nur noch mit schleppender Hinterhand und fraß nicht mehr. Eine tierärztliche Untersuchung mit Ultraschall und Röntgen hat keine krankhaften Befunde ergeben.

Livius ist ein 6-jähriger Wallach.

PSYCHE / SOZIALVERHALTEN

Livius ist ein intelligentes, mit viel Übersicht ausgestattetes Pferd. Schon als Fohlen zeigte er viel Souveränität. Livius scheut vor Unbekanntem nicht, wird nicht nervös und hat trotzdem großes Interesse an seiner Umwelt. Er ging sehr verträglich mit einem Weidekumpel jeden Tag auf die Weide. Lungen-Fei-Typen sind im Sozialverhalten nicht unterwürfig, wie der Nieren-Shen-Typ, oder dominant, wie der Leber-Gan-Typ, sondern souveräne Weideteilnehmer. Sein Reiter hat den Weidegang gestrichen, weil er glaubt, das Livius sich auf der Wiese verausgabt. Auch wurde er von einer Außenbox in eine Innenbox gestellt, damit er nicht abgelenkt wird.

Der intelligente Livius braucht Abwechslung.

RITTIGKEIT

Livius bringt alle Vorzüge eines Lungen-Fei-Typs in der Rittigkeit mit. Er lernt schnell und vergisst das Erlernte nicht. Sein Bemühen, dem Reiter zu folgen und zu gefallen, ist riesengroß. Dabei wird er nicht nervös, der Reiter kann immer alle Lektionen abfragen.

KÖRPERBAU

Livius ist ein großes, schlankes, gut bemuskeltes Pferd. Er bewegt sich gut, seine Galoppade ist hervorragend.

FAZIT

Livius ist als harmonischer Lungen-Fei-Typ eine Freude für jeden Reiter, wenn er dessen Vorzüge erkennt und achtet. Ein intelligenter Lungen-Typ ist immer bemüht, den Anforderungen des Reiters zu folgen. Diese Typen werden oft körperlich überfordert. Als reiner Lungen-Fei-Typ bevorzugt Livius Abwechslung und geistige Anforderung im Training.
Livius wechselte aus seiner Außenbox in eine Box ohne Fenster und durfte nicht mehr zum Weidegang. Der kluge Livius konnte seine Umwelt nicht mehr betrachten und hatte seinen Sozialkontakt verloren,

weil er seinen Weidekumpel nicht mehr traf. Zusätzlich stellte das ständige Wiederholen der Dressuraufgabe für Livius eine geistige Eintönigkeit dar, sodass er mit körperlichen Symptomen reagierte.
Sein Reiter reagierte ungläubig, als ich ihm erklärte, dass die körperlichen Probleme seines Pferdes aufgrund seiner Haltung und seines Trainings entstanden waren. Da aber kein anderer tierärztlicher Befund vorlag, bekam Livius seine Außenbox wieder und durfte auf die Weide. Er wurde weiterhin zwei Mal täglich trainiert. Morgens wurde in der Halle abwechslungsreich trainiert. Nachmittags wurde ausgeritten.

Lunge 7 wird eine Minute akupressiert.

Die Dressuraufgabe durfte nur ein Mal pro Woche geritten werden. Außerdem sollte der Reiter Livius viel mehr loben.
Livius wurde akupunktiert in Lu 7, Ma 36 und BI 10. Bl 10 (Tianzhu) liegt an der Austrittstelle des Blasenmeridians aus dem Gehirn. Er stellt einen Sammelpunkt des Qi dar. Dadurch kann er die Konzentration und das Gedächtnis anregen. Bei Schmerzen der tiefen Rückenmuskulatur wird B10 angewendet, weil er einen Stau im Blasenmeridian, der in der Rückenmuskulatur verläuft, lösen kann. Zusätzlich erhielt Livius eine chinesische Rezeptur.
Zur Überraschung des Reiters verschwand die Hinterhandproblematik innerhalb von 10 Tagen. Die Akupunkturbehandlung wurde drei Mal wiederholt. Livius fraß wieder und der Reiter erklärte sich bereit, Lu7 zu akupressieren. Er fand außerdem, dass sein Pferd viel aufmerksamer sei. Livius bekam mehr Zeit in der Ausbildung und geht heute erfolgreich in Dressurprüfungen der Klasse S.
Im Sinne der Traditionellen Chinesischen Medizin haben Erkrankungen immer einen geistigen und einen körperlichen Anteil. Dieses Beispiel macht deutlich, warum Vorbeugung und Gesunderhaltung wichtig zu nehmen sind. Ohne die Akupunktur und die chinesischen Rezepturen wären die Rückenschmerzen und die Schwäche der Hinterbeine zum chronischen Problem geworden. Eine weitere klinische Untersuchung hätte sich auf die schmerzhaften Körperpartien konzentriert und Livius wäre ein Rückenpatient geworden. Der wichtigste Aspekt war das Erkennen des Reiters, welch wunderbares, leistungsstarkes Pferd sein Lungen-Fei-Typ ist.

MISCHTYPEN IN DISHARMONIE

PATIENTENBEISPIEL NIEREN-MILZ-TYP LUCKY

NIEREN-YANG-MANGEL

Lucky, ein 18-jähriger, vitaler und springfreudiger Wallach, geht im Sommer zum Turnier. Im Herbst beginnt er plötzlich, im Stall zu frieren, und muss häufiger Urin lassen. Eine durchgeführte Blut- und Urin-Untersuchung war in Ordnung.
Lucky ist ein Mischtyp, ein Nieren-Milz-Typ. Die Untersuchung ergibt einen schwachen Puls und sehr weißliche Schleimhäute.

Lucky ist eifrig und arbeitet fleißig.

Die Muskulatur im Rücken, besonders im Lendenbereich, ist schmerzhaft und fühlt sich kühl an.

PSYCHE / SOZIALVERHALTEN

Lucky wird von seiner Reiterin als gemütlich, immer gut gelaunt und zuverlässig beschrieben. Er geht mit sieben weiteren Pferden auf die Weide. In der Gruppe ist er gut integriert und wird nicht unterdrückt. Sein Interesse gilt der Futteraufnahme, Streit mit anderen Pferden vermeidet er.

RITTIGKEIT

Lucky ist ein eifriges, immer mitarbeitendes Pferd. Er springt zuverlässig und macht nur selten Fehler. Sobald er aber eine Springstange abgeworfen hat, wird er sehr aufgeregt, nervös, ängstlich und verliert sein Selbstvertrauen - sein Nieren-Shen-Typ Anteil kommt zum Vorschein. Die Reiterin lässt ihn danach nur noch über einen sehr kleinen Sprung springen, lobt ihn überschwänglich und beendet diese Trainingseinheit. Am nächsten Tag hat Lucky seine „Mitte" wiedergefunden und springt ohne Probleme. Aber seit Lucky vermehrten Urinabsatz zeigt, wirkt er ängstlicher. Das versteht die Reiterin nicht.

Im Alter kann beim Mischtyp der Nieren-Shen-Anteil deutlicher werden.

KÖRPERBAU

Lucky ist ein kompaktes Pferd mit einem leichten Hängebauch, der auch bei intensiver Arbeit nicht verschwindet. Seine Gelenke sind gut ausgeprägt. Er hat weißliche Schleimhäute und mag es sehr, wenn seine Zunge angefasst wird. Sein Puls ist voll.

FAZIT

Lucky weist im Körperbau und im Sozialverhalten die Zeichen eines Milz-Pi-Typs auf. Aber ein reiner Milz-Pi-Typ würde in der Rittigkeit ein Dieselverhalten zeigen. Seine Lernauffassung wäre langsam und außerdem würde er keine Angst zeigen. Ein Milz-Pi-Typ würde weitere Springstangen abwerfen und wäre auf keinen Fall danach nervös.

Lucky ist ein Mischtyp aus Milz-Pi-Typ und Nieren-Shen-Typ. Aufgrund des guten Managements, das Lucky immer in seinem Selbstbewusstsein stärkte, und dem innigen Verhältnis von Lucky und seiner Reiterin stand der Nieren-Shen-Typ im Hintergrund. Aus Sicht der Traditionellen Chinesischen Medizin kann beim Älterwerden der Nieren-Typ eine Nieren-Yang-Schwäche entwickeln. Bei Lucky äußert sich das körperlich durch das Frieren und das häufige Wasserlassen mit viel Urin und psychisch durch verstärkte Unsicherheit.

Auch bei diesem Pferdebeispiel wird die Grundlage der TCM, dass Erkrankungen immer einen geistigen und einen körperlichen Anteil aufweisen, deutlich.
Die Therapie besteht in Moxibustion von Bl 23 zwei Mal im Abstand von 10 Tagen und der Gabe einer chinesischen Rezeptur. Die Reiterin akupressierte jeden Tag Niere 3 und MP 6. Alle Symptome verschwanden und Lucky ist wieder der Alte. Damit es so bleibt, akupressiert die Reiterin alle zwei Tage die Typenpunkte.
Dieses Beispiel zeigt, dass das Alter auf die Ausprägung der Typenanteile Einfluss haben kann.

Ticiano entwickelte einen Leber-Qi-Stau.

PATIENTENBEISPIEL LEBER-MILZ-TYP TICIANO

RITTIGKEITSPROBLEME

Ticiano, ein 8-jähriger brauner Wallach, kommt zur Untersuchung, weil er rechts nicht angaloppiert. Nach weiterem Nachfragen stellt sich heraus, dass Ticiano seit seinem fünften Lebensjahr auf der rechten Hand immer wieder rechts nicht angaloppieren konnte. Eine durchgeführte Röntgen- und Blut-Untersuchung hatte keine krankhaften Befunde ergeben.
Die Gabe von Schmerzmitteln hatte keine Verbesserung ergeben. Die Reiterin longierte Ticiano für 14 Tage, danach konnte sie ihn wieder ohne Probleme reiten.
Ticiano ist ein Mischtyp, ein Milz-Leber-Typ. Die Untersuchung ergibt einen gespannten, vollen Puls und sehr rote Schleimhäute. Die Muskulatur ist sehr stramm. Das Pferd reagiert ärgerlich, sobald es angefasst wird.

PSYCHE/ SOZIALVERHALTEN

Ticiano wird von seiner Reiterin als zeitweise mutig, immer gut gelaunt und zuverlässig beschrieben. Auf Nachfragen erzählt sie aber erstaunt, dass an den Tagen, an denen sich seine Problematik zeigt, Ticiano ärgerlich wird und in der Box die Ohren anlegt, wenn sie in den Stall kommt. Er geht mit drei weiteren Pferden auf die Weide. In der Gruppe ist er gut integriert, aber auch da beginnt er zu diesem Zeitpunkt, die anderen

Ticiano ist ein schönes, furchtloses Reitpferd im Leber-Typ.

zu treiben und zu beißen. Über diese Verhaltensänderung hat sie sich noch nie Gedanken gemacht, da nach 14 Tagen longieren Ticiano auch im Verhalten der Alte war.

RITTIGKEIT

Ticiano ist ein angstloses, rege mitarbeitendes Pferd. Er springt zuverlässig einen A-Parcours und macht nur selten Fehler. Beim Ausritt und im Urlaub am Meer ist er furchtlos und geht als Erster ins Meer.

KÖRPERBAU

Ticiano ist ein schönes Pferd in guter Kondition mit ausgeprägten Muskeln. Normalerweise ist sein Puls voll, aber nicht gespannt. Er lässt sich gerne die Zunge aus dem Maul nehmen und liebt es, wenn diese massiert wird.

FAZIT

Dieses Zungenverhalten ist untypisch für einen Leber-Gan-Typ, der seine Zunge ungern anfassen lässt. Die Reaktion der Zunge und der Puls zeigen, das Ticiano zusätzlich eine Milz-Pi-Komponente hat, also ein Mischtyp, ein Leber-Milz-Typ, ist. Auch im Sozialverhalten zeigt Ticiano ein Milz-Pi-Verhalten, da er in der Herde keine Alpharolle einnimmt. Als Reit- und Turnierpferd ist der Mischtyp Leber-Milz häufig optimal, da die Dominanz des Leber-Gan Typs durch die Gemütlichkeit des Milz-Pi-Typs aufgefangen wird und diese Pferde, wenn sie in Harmonie sind, freudig mitarbeitende Partner sind.
Die Besitzerin bekam die Aufgabe, genau zu überlegen, ob es eine Veränderung in der Umgebung des Pferdes gab, bevor die Festigkeit und Unrittigkeit von Ticiano auftrat. Die Reiterin meldete sich nach z10 Tagen. Die einzige Veränderung vor dem Auftreten

der Unrittigkeit war jedes Mal ein Wochenende gewesen, an dem sie im Urlaub war und das Pferd an eine Ausreittruppe verliehen hatte. Ich war etwas sprachlos und wollte wissen, ob sie die Reiter vorher auf Ticiano hatte reiten lassen oder ob sie wusste, wie schnell und wie lange Ticiano an diesen Wochenenden geritten worden war. Das konnte sie nicht beantworten und hatte auch nie daran gedacht.

Wir beschlossen, dass Ticino nicht mehr verliehen werden sollte, da diese Ausritte seine Leber-Gan-Komponente überlastet hatten und Muskelverspannungen, Reizbarkeit, Ärgerlichkeit und Probleme beim Angaloppieren hatten entstehen lassen. Zusätzlich wurde Ticiano osteopatisch und mit Akupunktur behandelt. Die Besitzerin akupressierte Leber 3 und MP 6, die physischen Typenpunkte, jeden Tag. Nach 14 Tagen war der Leber-Milz-Typ wieder in Harmonie und konnte prima rechts angaloppieren. Die Reiterin akupressierte die Typpunkte weiterhin zwei Mal pro Woche und versprach, Ticiano nicht mehr zu verleihen.

Nach weiteren zwei Jahren ist die Problematik des Rechts-Angaloppierens nie mehr aufgetreten.

Dieses interessante Pferdebeispiel entspricht der chinesischen Grundlage, dass ein körperliches Problem immer auch eine psychische Komponente hat. Ticiano war auf den Ausritten sicherlich körperlich überlastet worden. Daraus entwickelte sich eine Disharmonie in seinem Leber-Milz-Typ mit Verhaltensänderungen und Muskelverspannungen und Rittigkeitsproblemen.

Werden Pferde von Fremden geritten, sind Verhaltensänderungen ein erstes Anzeichen für Unwohlsein und Schmerz.

DIE BEHANDLUNG DER PFERDETYPEN

— *mit Akupressur*

VORBEREITUNG ZUR AKUPRESSUR

Die Akupressur funktioniert nicht, wenn der Akupresseur aufgeregt, angespannt, ärgerlich oder müde ist.
Natürlich ist niemand immer nur ausgeglichen und friedfertig, wenn er abends nach der Arbeit in den Stall kommt. Unsere Pferde sind aber sehr sensibel und hören meist schon am Schritt oder an der Stimme, ob der Reiter gute oder schlechte Laune hat. Betritt der Reiter hektisch die Box, geht zu seinem Pferd, ohne es anzusprechen oder freundlich zu begrüßen, und akupressiert einen Punkt, wird er mehr Unwillen oder Furcht gegen die Behandlung auslösen, als eine Entspannung und Ausgleich zu erreichen.

AKUPRESSUR-VORBEREITUNG

Möchte man eine gute Akupressur an den Pferdetypen ausführen, wird die folgende Übung an sich selbst durchgeführt, um das eigene Meridiansystem wieder in Harmonie zu bringen und in sein eigenes energetisches Gleichgewicht zu kommen.

VORÜBUNGEN ZUR AKUPRESSUR

VORBEREITUNGSPHASE

Stellen Sie sich ruhig hin und konzentrieren Sie sich auf sich selbst. Die Muskeln werden gelockert. Dabei können Sie ruhig die Arme oder Beine leicht bewegen oder bei verspannter Nackenmuskulatur die Schultern heben und senken. Viele Menschen spannen den ganzen Tag die Gesichtsmuskulatur an. Auch diese wird gelockert – unabhängig ob der Gesichtsausdruck dabei an Ausdruck verliert –, sonst wird der Energiefluss im Gesichtsbereich gestaut.
Fühlt sich die Muskulatur entspannt an, konzentriert sich der Akupresseur, schließt die Augen und atmet zwei bis drei Mal tief ein und aus. Die Hände werden dabei locker unterhalb des Nabels aufeinandergelegt. Diesen Bereich bezeichnen die Chinesen als Dantien. Der Dantien ist ein großer Energiebereich, in dem wir die Energie unserer Mitte sammeln. Während des Einatmens wird versucht, die Energie in den Dantien zu leiten. Das Einatmen

Entspannen

Ein- und Ausatmen

und Ausatmen sollte ruhig und gelassen durchgeführt werden. Erst wenn man eine innere Ruhe verspürt, wird die Übung fortgeführt. Das kann schon mal fünf Minuten und länger dauern. Auf keinen Fall sollte eine Störung in dieser Einführungsphase erfolgen.

QI-AKTIVIERUNG

Die Augen werden geöffnet und die Hände vom Dantien entfernt. Zuerst die Handflächen gegeneinanderreiben, bis Wärme verspürt wird. Dann mit der rechten Hand 10 Mal über den Handrücken der linken Hand streichen. Jetzt wieder die Hände reiben und nun mit der linken Hand die Wärme über den rechten Handrücken verteilen. Damit aktiviert man seine eigene Energie, sein Qi. Mit kalten Händen soll nicht akupressiert werden.

MERIDIAN-AKTIVIERUNG

Nachdem das eigene Qi erwärmt ist, kann es frei und ungehindert durch die Meridiane fließen, die jetzt aktiviert werden. Die rechte, geschlossene Faust beginnt am inneren linken Handgelenk, in Richtung Schulter mit kleinen, kurzen, intensiven Schlägen die Innenseite des Arms abzuklopfen. Dadurch werden die Yin-Meridiane Lunge, Herz und Pericard aktiviert.

Hände reiben, Handrücken streichen

Meridiane klopfen

In Höhe der Schulter wechselt die Faust auf die Außenseite des Armes und klopft diesen ebenfalls mit kurzen, kleinen Schlägen bis zum Handgelenk ab. Die Yang-Meridiane Dünndarm, Dickdarm und dreifacher Erwärmer werden angeregt.

Damit sind die Meridiane am linken Arm angeregt. Zur Aktivierung der rechten Leitbahnen, anschließend mit der linken Faust den rechten Arm in oben beschriebener Weise abklopfen.

ABSCHLIESSENDE QI-AKTIVIERUNG

Jeder, der diese Übung durchgeführt hat, fühlt sich danach wohler und ausgeglichener. Zum Abschluss werden die Handflächen noch einmal gerieben und dann in Ruhe mit der Akupressur begonnen.

UMGEBUNG DER AKUPRESSUR

Die Umgebung, in der die Akupressur ausgeübt wird, darf nicht zu unruhig sein. Natürlich kann man Freunden zeigen, wie die Akupressur angewendet wird. Die besten Ergebnisse entstehen aber, wenn die Konzentration allein auf das Pferd gerichtet ist.

Die Vorbereitung muss ruhig und sorgfältig durchgeführt werden. Dann freut sich das Pferd auf die Akupressur.

AKUPRESSUR DER PFERDETYPEN

Um eine Akupressurbehandlung effektiv zu gestalten, sollte der Besitzer das Pferd mit Hilfe eines erfahrenen Akupunkteurs genau untersuchen, um herauszufinden, welche energetischen Unausgeglichenheiten vorliegen und wie man sie behandeln kann. Die Behandlung wird durch die Nutzung von Akupressur- oder Akupunkturpunkten durchgeführt, die psychische und körperliche Auswirkungen haben.
Allerdings hat jeder Akupunkturpunkt nicht nur eine Wirkung. Der Punkt Magen 36 (Zusanli) zum Beispiel behandelt Appetitlosigkeit, regt aber auch das Immunsystem an. Leber (Le) 3 hat eine beruhigende Wirkung auf den Leber-Gan-Typ, löst aber auch Muskelverspannungen. Aus diesem Grund kann ein Punkt für viele Probleme genutzt werden. Normalerweise müssen mehrere Punkte kombiniert werden, um die Behandlung zu optimieren.
Um die Akupunkturpunkte durch Akupressur zu stimulieren, nimmt man den Zeigefinger, den Daumen, die Fingerknöchel, die Innenfläche der Hand oder den Daumenballen. Ausschlaggebend ist die Reaktion des Pferdes.
Die Akupunkturpunkte zur Harmonisierung der Pferdetypen und alle Punkte am Kopf, inklusive des Yin-Yang-Ausgleichs, werden mit dem Zeigefinger akupressiert.

DIE HARMONISIERUNGS-TECHNIK

Die Harmonisierungs-Technik kann bei jedem Akupressurpunkt angewendet werden. Nachdem das Pferd angesprochen worden ist, um keine Abwehrreaktion zu provozieren, legt man vorsichtig den Finger auf den Punkt. Langsam wird der Fingerdruck unter kreisenden Bewegungen erhöht. Die Richtung der Drehbewegung des Fingers verläuft dabei im Uhrzeigersinn. Die zweite Hand

Die Akupressur darf keine Spannung oder Angst erzeugen.

Akupressur entspannt und harmonisiert.

sollte ebenfalls sanft das Pferd berühren. Mit einem Seitenblick schaut man immer auf das Pferdegesicht. Auf keinen Fall darf die Akupressur einzelner Punkte Abwehrreaktionen hervorrufen.
Über die Stärke des Akupressurdrucks lässt sich keine pauschale Aussage machen, dieser ist abhängig von der Hautempfindlichkeit des einzelnen Pferdes und muss immer individuell abgestimmt werden. Die Entspannungsreaktion des Pferdes ist dabei ein wichtiges Indiz für die richtige Druckstärke. Sobald die Maulwinkel entspannen, das Ohr auf der Seite der Akupressur leicht seitlich kippt und bei völliger Entspannung die Augen geschlossen werden, hat die Akupressur die optimale Druckstärke erreicht. Soll keine Beruhigung oder Anregung, sondern nur ein Ausgleich oder eine Entspannung erreicht werden, hält man diese Akupressur eine Minute lang. Die Bewegung erfolgt im Allgemeinen im Uhrzeigersinn.

DIE YIN-TECHNIK

Die Yin-Technik wirkt beruhigend und entspannend. In der Ausübung ist sie kräftig, reibend, mit starker Druckausübung auf den Punkt und lang andauernd, mindestens zwei Minuten. Auch dabei ist auf das einzelne Pferd einzugehen.
Zum Beispiel bei der Akupressur von Le 3, Taichong, der zur Entspannung und zur Beruhigung eines Gan-Typs akupressiert wird, sollte der Druck so stark sein, dass das Pferd nicht schmerzhaft sein Bein hebt, aber der Akupresseur mit Kraft auf den Punkt drückt und ihn im Uhrzeigersinn oder im Meridianverlauf massiert.

DIE YANG-TECHNIK

Die Yang-Technik wirkt belebend und aufbauend. In der Praxis wird sie mit weniger Druck ausgeführt und ist von kurzer Zeitdauer, etwa 30 Sekunden.
Diese Technik macht aktiv und mobilisiert die Energien des Pferdes.
Die Akupressur von Ni 3, Taixi, zur Unterstützung eines Shen-Typs, ist in der Druckausübung sanft-drückend und von kurzer Anwendung. Die Bewegung erfolgt im Uhrzeigersinn oder im Meridianverlauf.
Wenn es erstaunt, dass eine kurz angewendete Akupressur belebend und eine lang

WIRKUNG DER AKUPRESSUR

Harmonisierungs-Technik: ausgleichend
Yin-Technik: entspannend, beruhigend
Yang-Technik: belebend, aktivierend

angewendete Akupressur entspannend ist, sollte man sich vorstellen, wie entspannt und leicht müde man sich nach einer langen, ausgiebigen Massage fühlt. Den gleichen Effekt hat die Akupressur. In vielen Fällen wollen wir bei unseren Pferden eine Entspannung erreichen, aber nach der Lektüre dieses Buches wird der Leser auch seinem Milz-Pi- oder Lungen-Fei-Typ mit der Akupressur helfen, Energien zu halten oder sogar aufzubauen.

YIN-YANG-AUSGLEICH

Einen Yin-Yang-Ausgleich durchzuführen, bedeutet, einen geistigen und körperlichen Ausgleich beim Pferd zu erreichen.
Der Yin-Yang-Ausgleich kann die beiden Körperseiten ausgleichen.

Es gibt keine eindeutige Antwort auf die Frage, ob der Yin-Yang-Ausgleich zu Beginn oder am Ende einer Akupressur durchgeführt werden soll. Meiner Meinung nach steht der Yin-Yang-Ausgleich am Ende, weil er einen Ausgleich der Energie schafft, die durch die Akupressur oder Akupunktur der Punkte aktiviert worden ist.
Ein Yin-Yang-Ausgleich besteht aus einer Kombination der drei folgenden Akupunkturpunkte:
Yintang – Renzhong – Chengjiang

YINTANG

Der Punkt liegt oberhalb der Augen in der Mitte der Stirn auf dem Lenkergefäß.
Er leitet Wind aus und ist damit schmerzstillend. Er beruhigt den Geist und kann als zusätzlicher Punkt gegen Angst eingesetzt werden.

Yin-Yang-Ausgleich

Yintang

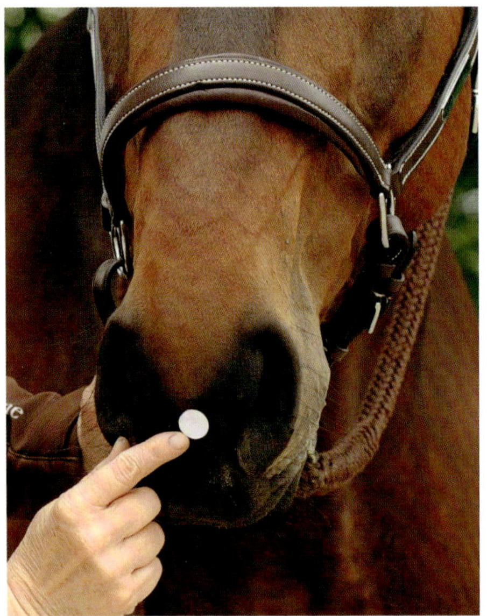

Renzhong

Chengjiang

In der praktischen Anwendung hält die linke Hand den Pferdekopf am Halfter oder über der Nase. Die rechte Hand findet den Yintang, indem sie ein Dreieck von den beiden inneren Augenwinkeln nach oben in Richtung Stirn zieht. Der Punkt stellt sich als eine leichte Vertiefung dar, in die der Zeigefinger rutscht. Die Fingerkuppe wird mit leichtem Druck auf den Yintang gelegt und verharrt vorsichtig 20 Sekunden lang auf diesem Punkt. Danach führt man kleinste Bewegungen im Uhrzeigersinn oder nach oben und unten aus.

RENZHONG – MITTE DES MENSCHEN – LG 26

Der Punkt liegt zwischen den Nüstern auf dem Lenkergefäß. In diesem Bereich wird die Nasenbremse zur Ruhigstellung beim Pferd angesetzt. Das Pferd steht nicht aufgrund des Schmerzes still, sondern weil im Gehirn Stoffe freigesetzt werden, die beruhigend wirken. Der gleiche Vorgang vollzieht sich bei der Akupunktur und Akupressur von Renzhong.

CHENGJIANG – AUFNEHMEN DER FLÜSSIGKEIT – KG 24

Der Punkt liegt am Übergang zwischen behaarter Haut und Schleimhaut an der Unterlippe. Er stellt die Verbindung zum Lenkergefäß her und kann bei Lähmungen, zum Beispiel bei Fazialisparese, im Kopfbereich eingesetzt werden.

Werden die beschriebenen Punkte einzeln akupressiert, kommt ihre spezielle Wirkung zum Einsatz.

Für einen Yin-Yang-Ausgleich werden immer alle drei Punkte nacheinander in folgender Reihenfolge akupressiert: Begonnen wird mit Renzong, dann folgt Yintang, und zuletzt wird Chengjiang akupressiert. Der Yintang

sollte mindestens 60 Sekunden, die beiden anderen Punkte sollten mindestens 30 Sekunden akupressiert werden.
Der Yin-Yang-Ausgleich kann wiederholt und zu jedem Zeitpunkt durchgeführt werden. Manche kopfscheue Pferde lassen sich ruhiger akupressieren, wenn man zu Beginn den Daumenballen oder die Innenfläche der Hand zur Massage nimmt. Das Gleiche gilt für Pferde, die Angst zeigen, sobald man die Oberlippe akupressieren möchte. Auch hier kann mit dem Daumenballen oder der Hand begonnen werden.
Pferde, die Zuckergaben gewohnt sind, lassen aus Fressgier manchmal den Chengjiang nicht behandeln. Hier hilft nur Geduld. Jeder Reiter und Pferdebesitzer wird nach mehrmaliger Akupressur bemerken, wie angenehm entspannt sein Pferd auf den Yin-Yang-Ausgleich reagiert. Wird er richtig ausgeführt, senkt das Pferd den Kopf, die Ohren neigen sich leicht zur Seite, und das Pferd schließt wohlig die Augen. Das Qi kommt in einen harmonischen Fluss und alle Pferdetypen entspannen und fühlen sich wohl.

AKUPRESSUR ZUM PSYCHISCHEN AUSGLEICH

Die folgenden vier Akupressurpunkte haben einen großen Einfluss auf die Psyche der jeweils beschriebenen Pferdetypen. Nur der Charakter des Herz-Xin-Typs entzieht sich der psychischen Akupressur, diese Pferde müssen akupunktiert werden, um ihr Verhalten zu ändern. Alle anderen Pferdetypen reagieren sensibel auf die folgenden Akupressurpunkte:

AKUPRESSURPUNKT FÜR DEN LEBER-GAN-TYP

LEBER 3 (LE 3) – TAICHONG – GROSSES BRANDEN

LOKALISATION

Innen am Hinterbein, unterhalb des Sprunggelenks, hinter dem Griffelbeinköpfchen

WIRKUNG

- harmonisiert den Leber-Gan-Typ
- beruhigend bei ungeduldigen, ärgerlichen, dominanten Pferden
- löst Muskelverspannungen
- harmonisiert bei stressbedingter Anspannung
- beruhigt Spasmen und Krämpfe des Verdauungsapparates
- lindert Bindehautentzündungen des Auges
- unterdrückt Leber-Yang
- fördert den Fluss des Leber-Qi

Leber 3 – Le 3 – Taichong

ERKLÄRUNG

Nach chinesischer Vorstellung besteht die Hauptaufgabe der Leber = Gan darin, den reibungslosen Qi-Fluss (die Energie, die in den Meridianen fließt) zu gewährleisten. Dadurch gewinnt sie Einfluss auf alle Funktionen im Körper.

Das Leber-Qi kann nie schwach sein, aber sehr wohl gestaut werden. Dadurch entstehen Stagnationen und Füllezustände, und dies hat nicht nur körperliche, sondern auch emotionale Auswirkungen, die sich in allgemeiner Anspannung, Reizbarkeit und Zorn äußern („Mir ist eine Laus über die Leber gelaufen."). Diese psychische Reaktion führt wiederum zu Muskelverspannungen, Rückenschmerzen oder zu stressbedingten Bauchschmerzen („Mir ist vor Anspannung schon übel."). Wird dieser Kreislauf nicht unterbrochen, schaukelt er sich immer weiter auf.

Die Pferde blockieren und werden widersetzlich, auch Krampfkoliken können entstehen. Le 3 harmonisiert das Leber-Qi und stellt einen bedeutenden Punkt dar, der Muskelverspannungen lösen, Schmerzen und Stresszustände vermindern und den Darm entspannen kann.

Emotionale Probleme sind die häufigste Ursache für einen Leber-Qi-Stau. Deshalb zeigen Pferde, die dem Leber-Gan-Typ angehören, eine Neigung, auf reiterliche Anforderungen mit Reizbarkeit und Muskelverspannungen zu reagieren. Auch Boxennachbarn, die als unangenehm empfunden werden, führen zu Reaktionen wie Ohrenanlegen, Kopfschlagen und Ausschlagen mit den Hinterbeinen. Ein Pferd, das sich stundenlang über seinen Boxennachbarn geärgert hat, wird sicherlich nicht ausgeglichen und freudig der Reitstunde und neuerlichen Anforderungen entgegensehen. Pferde in dieser Gemütslage verspannen ihre Muskulatur natürlich zusätzlich.

ANWENDUNG

Der Punkt Le 3, Taichong, ist ein hervorragender Akupressurpunkt, um den Leber-Gan-Typ zu harmomisieren. Die Akupressur erfolgt innen an beiden Hinterbeinen für zwei Minuten im Uhrzeigersinn. Die Kombination mit einem Yin-Yang-Ausgleich optimiert die Wirkung.

PATIENTENBEISPIEL

PSYCHE / SOZIALVERHALTEN

Schiller ist ein schicker, 8-jähriger Haflingerwallach. Seine Besitzerin hatte schon seine Mutter geritten und kennt Schiller seit seiner Geburt. Schiller versucht, immer die Oberhand im sozialen Umfeld zu erreichen. Dabei kennt er keine Grenzen. Ein harmo-

Schiller ist dominant.

Schiller in Disharmonie

Schiller ärgert andere Pferde.

nischer und souveräner Leber-Gan-Typ hört auf, die Artgenossen zu drangsalieren, wenn seine Alphastellung in der Herde klargestellt ist. Schiller ärgert seine Weidekollegen weiter. Er beginnt ohne Grund Streitigkeiten, dadurch kam es zu Verletzungen bei anderen Pferden. Als Folge weigerten sich die Besitzer, ihre Pferde mit Schiller auf die Weide zu stellen. Seine Besitzerin war sehr verzweifelt darüber, da Weidegang mit anderen Pferden für Schiller sehr wichtig ist, um seinen Bewegungsdrang und seinen Spieltrieb ausleben zu können.

RITTIGKEIT

Schiller lernt schnell und lässt sich gut trainieren. Seine Reiterin ist sehr zufrieden mit ihm und war schon erfolgreich auf Turnieren. Schiller hat keine Angst und brilliert auch auf dem Viereck durch seine Ausstrahlung und Selbstsicherheit.

KÖRPERMERKMALE

Schiller ist ein hübscher, kompakter Haflingerwallach mit einem ausdrucksstarken Gesicht.

Der Körperbau ist kräftig mit einem stabilen Halsaufsatz und gut ausgebildeter Muskulatur.

Die Schleimhäute sind rot und die Zunge ist rötlich und von fester Konsistenz.

Der Puls ist oberflächlich, schnell und sehr gespannt.

Sein Immunsystem ist gut entwickelt und lässt Erkrankungen und Verletzungen schnell ausheilen.

FAZIT

Schiller zeigt sich beim Reiten im harmonischen Leber-Gan-Typ. Die geschickte Reiterin hatte ihn als Leber-Gan-Typ erkannt, konsequent erzogen, ohne ihn zu unterdrücken, und das Training abwechslungsreich gestaltet. Dadurch hat der Leber-Gan-Typ seine Reiterin vollständig akzeptiert und hat sich in der Dressur zu einer Freude für seine Reiterin entwickelt. Im sozialen Herdenverband zeigt Schiller eine Disharmonie, er ist unleidlich und aggressiv geworden. Da keine körperlichen Erkrankungen oder Schmerz vorliegen, ist die Frage, wie es zu dieser Aggression

gekommen ist. Schillers Mutterstute war außerordentlich lieb und hatte das aufmüpfige Fohlen nicht im Respekt.
Schiller hatte als Jungpferd aus Spieltrieb begonnen, seinen Weidepartnern die Decken zu zerreißen. In dieser ersten altersgemischten Herde gab es keinen Pferdetyp, der dem kleinen Frechdachs seine Grenzen aufzeigte. Schiller hatte, wie viele Leber-Gan-Typen, einen ausgeprägten Spieltrieb, seine Späße wurden immer forscher und dreister. Aus Traditioneller Chinesischer Sicht entwickelt sich aufsteigendes Leberfeuer, erkennbar an dem übermäßig gespannten Puls und den roten Schleimhäuten.
Schiller wurde einmal täglich an Le 3 akupressiert und jedes Mal ein Yin-Yang Ausgleich durchgeführt und eine chinesische Rezeptur verabreicht. Schiller kam mit zwei großen, im Leber-Gan-Typ stehenden, Stuten auf die Weide, die sich keine Aggressionen von einem kleinen Haflinger bieten ließen.

Schiller war schon als Fohlen keck.

Es dauerte nur 14 Tage und Schiller ist heute nicht nur beim Reiten, sondern auch auf der Weide ein harmonischer Leber-Typ. Seine Schleimhäute sind rosa-rötlich und sein Puls ist nicht mehr extrem gespannt. Seine Besitzerin ist überglücklich.
Der Akupressurpunkt zum psychischen Ausgleich für Schiller ist Le 3.

Die Harmonie von Schiller ist deutlich erkennbar.

AKUPRESSURPUNKT FÜR DEN NIEREN-SHEN-TYP

NIERE 3 (NI 3) – TAIXI GROSSER WILDBACH

LOKALISATION

Innen am Hinterbein, zwischen Sprunggelenkshöcker und Tibia

WIRKUNG

- harmonisiert und vitalisiert den Nieren-Shen-Typ
- unterstützt den Fluss des Nieren-Qi und der Nieren-Essenz
- stärkt das Selbstbewusstsein des Pferdes
- stärkt die Niere bei jeder Schwäche, unabhängig ob Nieren-Yin- oder Nieren-Yang-Mangel
- lindert Schmerzen im Rücken, besonders in der Lenden- und der Knieregion
- hilft bei Inkontinenz
- hilft bei Problemen des Geschlechtsapparates

ERKLÄRUNG

In der Traditionellen Chinesischen Medizin wird die Niere, auch Shen, als Grundlage aller Lebensvorgänge angesehen. Shen = Niere ist für Geburt, Wachstum und Fortpflanzung zuständig. Ist die Niere stark und aktiv, entwickelt das Pferd ein gesundes Selbstbewusstsein, ist vital und kann ohne Probleme über lange Zeit Leistung erbringen. Bei einer Nieren-Schwäche ist das Pferd müde, schnell erschöpft und krankheitsanfällig. Außerdem wird die Psyche schwach und Ängstlichkeit und Unsicherheiten treten auf.
Angst ist die negative psychische Komponente von Shen („Ich mache mir vor Angst in die Hose."). Angst und Stress wirken sich nachteilig auf unser Immunsystem aus. Wenn die schwache Niere nicht fähig ist, das Lungen-Qi zu empfangen, kommt es zum Beispiel zu Atemwegserkrankungen. Der Punkt Ni 3, Taixi, belebt das Nieren-Qi und die Nieren-Essenz und fördert damit unsere Lebensenergie. Stauungen im Nierenmeridian, die sich in Schmerzen äußern, können aufgehoben werden. Bei Problemen im Genitalbereich (zum Beispiel Unfruchtbarkeit) wird Ni 3 mit anderen Punkten in der Akupunktur angewandt.

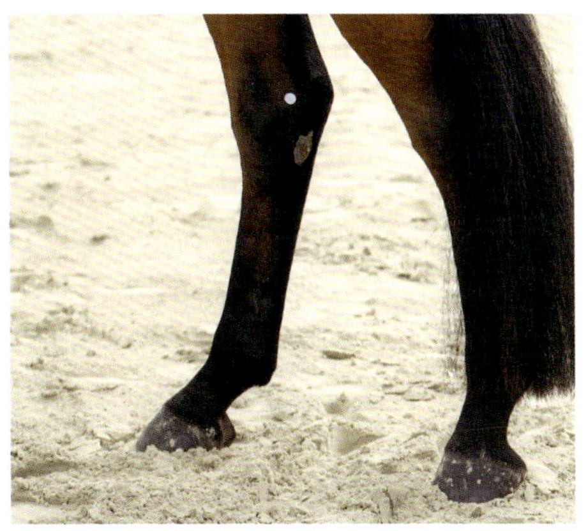

Niere 3 – Ni 3 – Taixi

ANWENDUNG

Ni 3 ist auch ein vorzüglicher Punkt, um das Selbstvertrauen eines Pferdes zu stärken. Ni 3 wird abwechselnd am linken und rechten Hinterbein des Pferdes akupressiert. Die Dauer beträgt eine Minute, da keine Entspannung, sondern eine Vitalisierung eintreten soll.
Dieser Punkt sollte mindestens ein Mal in der Woche akupressiert werden, auch wenn der Nieren-Shen-Typ munter und vital erscheint.

Maya neigt zu Atemwegserkrankungen.

PATIENTENBEISPIEL

Maya, eine 10-jährige Stute, bekam seit vier Jahren regelmäßig im Winter Atemwegsinfektionen. Während der Sommermonate verbesserte sich ihr Zustand, aber die Stute erhielt ständig schleimlösende und hustenstillende Medikamente. Die Reiterin bemerkte eine zunehmende Leistungseinbuße der Stute in den letzten Wochen.

PSYCHE / SOZIALVERHALTEN

Maya hat eine Paddockbox und verträgt sich gut mit den Nachbarn.
Sie wiehert mit heller Stimme nach ihrer Reiterin, sobald diese den Stall betritt. Die Reiterin berichtet lachend: Beim Ausreiten bevorzugt Maya die mittlere oder hintere Position. Selten fühlt sie sich so sicher, um die Führungsstelle einzunehmen. Geschieht dieser Positionswechsel, präsentiert sie sich sehr stolz.
Kaum gibt es aber in der Umgebung Veränderungen, wechselt sie schnell wieder auf den sicheren hinteren Platz und atmet erleichtert aus.

RITTIGKEIT

Maya wird auf dem Turnier in L-Dressuren erfolgreich vorgestellt. Zu Beginn jeder neuen Saison ist sie auf den ersten Turnieren wieder unsicher. Die Reiterin reitet deshalb vor der Prüfung viel Schritt und erlaubt Maya, alles anzuschauen. Wenn Maya große Bedenken zeigt, sucht und folgt die Reiterin einem sicheren Pferd. Nach zwei bis drei Turnieren gibt es keine Probleme mehr. Mayas Reiterin hilft ihrem Nieren-Shen-Typ optimal.

KÖRPERMERKMALE

Maya hat einen harmonischen Körperbau. Sie hat kleine Hufe und eine kurze Maulspalte, ihre Schleimhäute sind hell. Sie friert schnell.

FAZIT

Maya zeigt in der Psyche eine Harmonie im Nieren-Shen-Typ.
Aber der Nieren-Typ braucht länger zum Ausheilen von Erkrankungen. Dieser Typ ist im Winter besonders krankheitsanfällig. Maya hatte die Atemwegserkrankung nicht auskurieren können und wirkt müde und matt.
Sie wurde im November im Abstand von 10 Tagen vier Mal akupunktiert und hustete in dieser Zeit große Mengen Schleim ab. Die Besitzerin akupressierte in den folgenden Wochen ein Mal wöchentlich Ni 3. Zusätzlich wurde Maya eine chinesische Rezeptur zur Stärkung der Lunge und der Niere für acht Wochen verabreicht. Die Stute wurde wieder gesund und vital. Die Besitzerin sollte die Stute im kommenden Oktober wieder vorstellen, da der Sommer ohne Medikamente überbrückt werden konnte. Der Plan war, im Oktober vorbeugend eine Akupunktur zur Stärkung des Immunsystems anzuwenden.
Leider meldete sich die Besitzerin erst im folgenden Dezember, nachdem Maya wieder an den Atemwegen erkrankt war. Die Stute wurde erneut wie bereits im Vorjahr behandelt. Im folgenden Jahr wurde dann eine Akupunktur und die Verabreichung einer Lungen-Qi stärkenden Rezeptur schon im Oktober durchgeführt und Maya kam gesund durch den Winter.
Die Besitzerin verstand danach die Typenbeschreibung ihres Pferdes. Überzeugt von der vorbeugenden Wirkung der Akupunktur, stellte die Besitzerin ihre Stute in den folgenden drei Jahren regelmäßig im Herbst zur Untersuchung vor. Maya hatte bis jetzt keinerlei Atemwegsinfekte mehr.

Stress durch andere Pferde schwächt das Immunsystem des Nieren-Shen-Typs.

AKUPRESSURPUNKT FÜR DEN MILZ-PI-TYP

MILZ-PANKREAS 6 (MP 6) – SANYINJIAO – TREFFEN DER DREI YIN

LOKALISATION

Innen am Hinterbein, eine Handbreit oberhalb des Sprunggelenks

WIRKUNG

- harmonisiert und vitalisiert den Milz-Pi-Typ
- lindert angelaufene Beine
- beseitigt Ödeme
- Kreuzungspunkt des Milz-, Leber- und Nierenmeridians
- fördert den Qi-Fluss in diesen drei Leitbahnen
- nährt Blut und Yin
- harmonisiert den Geist
- lindert Schmerzen
- beeinflusst gynäkologische Schmerzen

ERKLÄRUNG

Die Milz, auch Pi genannt, wird auch als unsere „Innere Mitte“ oder „Inneres Gleichgewicht“ bezeichnet. Die Milz ist das Zentrum der Qi-Bildung. Die Milz vitalisiert die Pferde.
Pferde im Milz-Pi-Typ neigen zu angelaufenen Beinen oder Unterbauchödemen. Ihr Bindegewebe und ihre Muskulatur ist eher weich und sie haben häufig eine hängende Unterlippe und einen Hängebauch. Sie lernen langsam, aber wenn sie etwas verstanden haben, vergessen sie es nicht mehr. MP 6 hilft, die Nässe im Milzmeridian und damit die angelaufenen Beine zu beseitigen. Durch die Unterstützung der drei Yin-Meridiane werden die Pferde lebhafter. Die Trägheit zu Beginn der Reitstunde verkürzt sich.

ANWENDUNG

MP 6 wird ein Mal täglich beidseitig innen am Hinterbein für eine Minute akupressiert.

Milz-Pankreas 6 – MP 6 – Sanyinjiao

PATIENTENBEISPIEL

Butterfly, ein 5-jähriger Wallach, sollte Probleme mit Rückenverspannungen haben. Sobald der Reiter die Zügel aufnahm, warf Butterfly den Kopf hoch und stürmte los. Die Zähne waren untersucht und behandelt worden. Ein Bereiter hatte Butterfly für vier Wochen geritten, aber das Problem hatte sich verschlimmert. Butterfly sollte deshalb Tranquilizer erhalten, um ruhiger zu werden.

PSYCHE / SOZIALVERHALTEN

Butterfly ist ein liebenswertes, gemütliches Ausreitpferd. Er verbringt acht Stunden auf

Kleine Ablenkung vom Lieblingshobby Fressen

der Weide mit weiteren neun Pferden, die sich alle gut kennen. Streitigkeiten treten selten auf und Butterfly hält sich zurück. Hauptsache, er hat genug zum Fressen. Er ist im Gelände sehr sicher und behält auch bei Treckern oder neuen Hindernissen die Ruhe.

Auch ein Pi-Typ kann neugierig sein.

RITTIGKEIT

Butterfly wird dressurmäßig wenig gearbeitet. Er darf sich unter seinem Reiter die Umwelt in allen Gangarten ansehen und reagiert hauptsächlich auf die Stimme seines Reiters. Bisher hatte diese Kombination prima geklappt.

KÖRPERBAU

Butterfly steht im reinen Milz-Pi-Typ. Er hat einen Hängebauch, oft angelaufene Hinterbeine und seine Muskulatur könnte besser ausgebildet sein. Er ist ein dickliches Pferd. Er hat einen langsamen, vollen Puls. Seine Schleimhäute sind feucht, rosa. Seine weiche Zunge lässt er gerne anfassen und aus dem Maul ziehen.

FAZIT

Es ist ausgesprochen unwahrscheinlich, dass ein reiner Milz-Pi-Typ aus Widersetzlichkeit davonstürmt. Ein Milz-Pi-Typ bleibt immer lieber stehen oder bewegt sich langsam, außer er entwickelt ein Schmerzgeschehen, vor dem

Der Milz-Pi-Typ wird nur so flink, …

… wenn Futterzeiten aktuell sind.

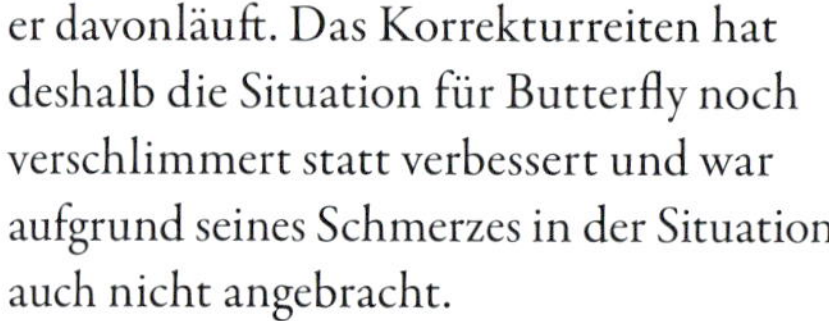

er davonläuft. Das Korrekturreiten hat deshalb die Situation für Butterfly noch verschlimmert statt verbessert und war aufgrund seines Schmerzes in der Situation auch nicht angebracht.

Butterfly steht im reinen Pi-Typ und verhält sich eher ruhig als panisch. Die Untersuchung ergibt eine generelle Schmerzempfindlichkeit der Rückenmuskulatur. Butterfly wird von seinem Reiter ohne Nasenriemen vorgeritten und die Widersetzlichkeit verbesserte sich um 60 %.

Die Untersuchung ergibt eine ausgeprägte Schmerzhaftigkeit hinter dem rechten Ohr an dem Akupunkturpunkt Gb20. Ohne Reithalfter fehlte der Druck des dünnen Nasenriemens auf das Genick, und Butterfly reagierte sofort auf das Nachlassen des Druckschmerzes mit mehr Losgelassenheit und Ruhe. Dieses Beispiel zeigt, wie eine lokale Störung im Genick psychische (Davonstürmen) und körperliche (Verspannung der Rückenmuskulatur) Probleme als Folge haben kann.

Butterfly wurde vier Mal akupunktiert und ein Mal täglich der Akupressurpunkt Mp 6 und der Yin-Yang-Ausgleich für den harmonischen Ausglich des gestressten Milz-Pi-Typs akupressiert. Der Reiter unterpolsterte das Kopfstück seiner Trense und hat seither keine Schwierigkeiten mehr. Er hat verstanden, dass sein nun harmonischer Milz-Pi-Typ ein Verlasspferd ist und Schmerz der Auslöser für seine Widersetzlichkeit war.

HERZ-XIN-TYP

Den Akupressurpunkt zum psychischen Ausgleich des Herz-Xin-Typs gibt es nicht. Herz-Xin-Pferde sind aufgrund ihrer geistigen Unberechenbarkeit eine Herausforderung für die meisten Besitzer. Diese Pferde werden akupunktiert, um Einfluss auf ihre Psyche zu erhalten. Der Reiter kann mit dem Yin-Yang-Ausgleich und mit der Gabe von Traditionellen Chinesischen Rezepturen die Akupunkturtherapie unterstützen. Allein angewandte Akupressur hat unzureichende Wirkung. Aus diesem Grund sollte ein Tierarzt für Traditionelle Chinesische Medizin konsultiert werden, um den Herz-Xin-Typ zu harmonisieren und dem Pferd zu helfen.

AKUPRESSURPUNKT FÜR DEN LUNGEN-FEI-TYP

LUNGE 7 (LU) – LIEQUE – UNTERBROCHENE SEQUENZ

LOKALISATION

Innen am Vorderbein, eine Handbreit über dem Vorderfußwurzelgelenk am vorderen Rand des Radius, in Höhe der oberen Spitze der Kastanie

WIRKUNG

— harmonisiert und vitalisiert den Lungen-Fei-Typ
— unterstützt die Lunge im Verteilen und Herabführen des Lungen-Qi
— bewegt das Abwehr-Qi und stärkt damit das Immunsystem
— stellt Verbindung zum Funktionskreis Dickdarm her
— öffnet das Konzeptionsgefäß
— öffnet die Nase und hilft bei Allergien
— regelt die Feuchtigkeit der Haut und schützt vor viralen und bakteriellen Infektionen

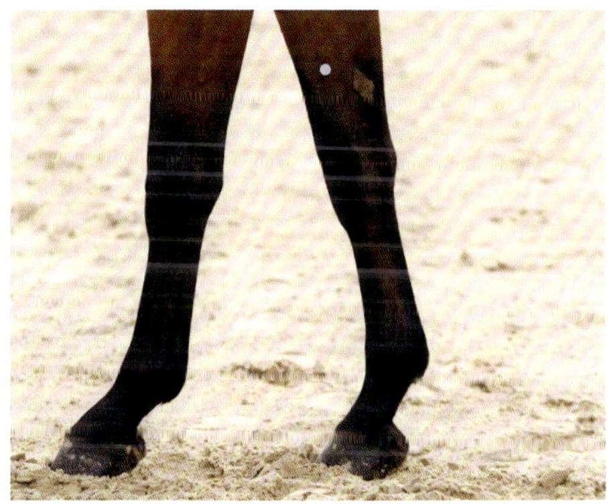

Lunge 7 – Lu 7 – Lieque

ERKLÄRUNG

Die Lunge kontrolliert die Haut, unter der, aus Sicht der TCM, das Abwehr- oder Wei-Qi fließt. Im Anfangsstadium einer Infektionskrankheit kann dieses Wei-Qi, das das Immunsystem darstellt, durch Lu 7 gestärkt werden. Bei Pferden mit chronischem Husten hilft Lu 7, das Lungen-Qi zur Niere herabzusenken. Die Niere reguliert das Qi des ganzen Körpers und wird durch Ni 3 unterstützt. Der immer eifrige Lungen-Fei-Typ verweigert seine Mitarbeit nie. Der Reiter muss diese Charaktereigenschaft beachten und ausreichend Ruhephasen für sein Pferd einplanen, wenn es gesund bleiben soll. Lu 7 hilft dem Fei-Typ, genügend Abwehrkräfte aufzubauen.

ANWENDUNG

Der Akupressurpunkt wird täglich wechselnd am linken und rechten Vorderbein für eine Minute akupressiert.

PATIENTENBEISPIEL

Florit, ein 8-jähriges Vielseitigkeitspferd, wird im Oktober vorgestellt. Der Wallach ist erfolgreich die Sommer-L-Vielseitigkeit gelaufen. Die beiden letzten Turniere hat er aber im Gelände jeweils einen Sprung verweigert und beim Springen mehrere Stangen heruntergeworfen. Die Besitzerin hatte das Pferd daraufhin in der Tierklinik vorgestellt, weil sie ein Schmerzgeschehen vermutete. Die klinische Untersuchung und eine Blutuntersuchung haben keinerlei pathologischen Befund erbracht und Florit wurde an mich überwiesen. Die besorgte Besitzerin hat keine Erklärung für Florits Verhalten.

Florit's Gesundheit wurde nicht ausreichend beachtet.

Durch Nachfragen erfahre ich, das Florit jedes Wochenende auf einem Turnier verbracht hat. Außerdem trainiert die Reiterin bei zwei verschiedenen Reitlehrern, sodass ihr Pferd, selbst am Montag nach einem Turnier, niemals einen freien Tag bekam.

PSYCHE

Florit steht im Fei-Typ, er wirkt souverän, interessiert und ruhig.

SOZIALVERHALTEN

Florit versteht sich mit jedem Pferd. Er hat jeden Tag Weidegang mit fünf weiteren Pferden.

RITTIGKEIT

Florit ist ausgesprochen rittig. Bisher hat er sehr schnell gelernt und es gab niemals Probleme.

KÖRPERMERKMALE

Florit ist ein schmales Pferd mit trockenen Beinen und klaren Körperstrukturen. Sein Kopf ist schmal und klar konturiert. Die Schleimhäute sind rosa, aber sehr trocken. Die Zunge lässt Florit artig anfassen, sie ist rosa, hat eine feste Konsistenz und ist sehr trocken.

Der Puls ist tief und schwach. Ich kann kleine, walnussgroße, haarlose, trockenschuppige Stellen am Körper entdecken. Die Reiterin berichtet von vermehrtem Auftreten dieser Stellen in den letzten sechs Wochen. Da die Hautveränderungen nicht jucken, hat sie sich keine Sorgen gemacht.

FAZIT

Florit war ein Pferd in Harmonie mit seinem Lungen-Fei-Typ. Typischerweise werden Lungen-Fei-Typen überfordert, weil niemand auf ihre Gesundheit achtet, nach dem Motto: „Der läuft ja immer". Der emsige, kluge Lungen-Fei-Typ braucht aber regelmäßig eine Erholungszeit. Aus Sicht der TCM weisen der schwache Puls, die trockenen Schleimhäute und Zunge, die Hautveränderungen und auch das Verhalten des Pferdes auf eine Erschöpfung von Florit hin. Er hat durch körperliche Überlastung eine Disharmonie in seinem Lungen-Fei-Typ entwickelt, weil ihm keine Ruhepause gegönnt wurde.

Die Therapie besteht in Akupunkturbehandlungen und der Verabreichung eines chinesischen Kräuterrezepts, das das Immunsystem stärkt und Qi und Xue bildet.

Die Besitzerin akupressierte Lu 7 täglich eine Minute lang und führt den Yin-Yang-Ausgleich durch. Florit wird nur jeden zweiten Tag geritten. Einen Tag in der Woche hat das Pferd frei und beide gehen nur zusammen

spazieren. Im Oktober bestreiten beide erfolgreich ein Vielseitigkeitsturnier. Florit wird danach wieder vorgestellt. Er wirkt lebhaft und sein Puls ist in Ordnung. Wäre Florit nicht in Behandlung gekommen, wäre auf kurz oder lang durch seine Überforderung eine Erkrankung ausgebrochen. Florit wird abschließend noch ein Mal akupunktiert. Die Besitzerin akupressiert weiterhin ein Mal pro Woche Lu 7 und führt nach dem Turnier einen Yin-Yang-Ausgleich durch.
Außerdem erhält Florit mindestens einen Tag in der Woche frei und es wird nur alle zwei bis drei Wochen ein Turniereinsatz geplant. Die Reiterin hat verstanden, dass ihr Pferd ihr zuliebe über sein körperliches Vermögen gelaufen ist und dass es in ihrer Verantwortung liegt, dieses kluge, leistungsbereite, im Fei-Typ stehende Pferd nicht zu überfordern.

Bei Mischtypen werden die Akupressurpunkte der Typen-Anteile akupressiert.

AKUPRESSURPUNKTE DER MISCHPFERDETYPEN

Bei Mischtypen werden die Akupressurpunkte der Pferdetypen kombiniert und über die Diagonale oder parallel an den Hinterbeinen akupressiert. Bei einem Lungen-Nieren-Typ würden zum Beispiel Lu 7 vorne links und Ni 3 hinten rechts akupressiert. Bei einem Leber/Milz-Typ würde Le 3 am rechten Hinterbein und Mp 6 am linken Hinterbein akupressiert. Die Wirkung wird verstärkt, wenn zusätzlich der Yin-Yang-Ausgleich durchgeführt wird. Zur Erinnerung werden die vier psychischen Akupressurpunkte der Traditionellen Chinesischen Typen aufgelistet. Nur der Charakter des Herz-Xin-Typs entzieht sich der psychischen Akupressur, diese Pferde müssen akupunktiert werden, um ihr Verhalten zu ändern.

AKUPRESSURPUNKTE DER PFERDETYPEN

Akupressurpunkt für den Leber-Gan-Typ	Leber 3 (Le 3) – Taichong – Großes Branden
Akupressurpunkt für den Nieren-Shen-Typ	Niere 3 (Ni 3) – Taixi – Großer Wildbach
Akupressurpunkt für den Milz-Pi-Typ	Milz-Pankreas 6 (MP 6) – Sanyinjiao – Treffen der drei Yin
Akupressurpunkt für den Lungen-Fei-Typ	Lunge 7 (Lu) – Lieque – Unterbrochene Sequenz

KRÄUTERTHERAPIE

— *mit TCM-Rezepturen*

HISTORISCHES

Die Geschichte der Heilpflanzenkunde reicht zurück bis in die Anfänge der Menschheitsgeschichte. Eine Wundversorgung durch Blätter, Harze oder Rinden war wahrscheinlich die erste angewandte Maßnahme bei Verletzungen. In allen uns bekannten alten Kulturen gab es Heilkundige, die im Volk verehrt wurden. Ethnologische Untersuchungen wiesen nach, dass schon Primitivvölker eine Auswahl von Pflanzen hatten, die schmerzstillende, abführende, brechreizerregende oder blutstillende Wirkung hatten.

Nach einer alten Legende musste ein berühmter chinesischer General zur Zeit der Han-Dynastie mit seinen Truppen in einem unbewohnten Landstrich die Lager aufschlagen. Es gab keine Nahrung und die Soldaten hatten Hunger und Durst. Nach einiger Zeit fand sich Blut im Urin vieler Söldner. Ein Stallbursche beobachtete, dass seine Pferde kein Blut im Urin hatten. Diese Pferde fraßen vor allem die Pflanze Spitzwegerich. Nachdem der General diese Beobachtung gehört hatte, befahl er, sofort Spitzwegerich zu sammeln und zu kochen. Alle Soldaten nahmen

Die Kräutertherapie ist eine Säule der Traditionellen Chinesischen Medizin (TCM).

In Asien kauft man chinesische Kräuter auf dem Markt.

das Getränk zu sich und wurden gesund. Die Pferde wurden als Retter gepriesen. Der Spitzwegerich, Plantago lanceolata, kam ursprünglich nur in Mitteleuropa vor. Heute hat sich die Heilpflanze über die ganze Welt ausgebreitet. Besonders in asiatischen Ländern wächst die krautige Pflanze stark. Für die Anwendung bei Mückenstichen, Allergien oder äußerlichen Hautverletzungen sollten Betroffene die frischen Blätter des Spitzwegerichs zerkauen und auf die Wunde oder entzündete Hautstelle legen. Gleichzeitig desinfiziert die Pflanze die Wunde und fördert die Wundheilung. Bei Insektenstichen hemmt sie das Juckgefühl. Auch lassen sich mit dem Kraut Darmpilze und Erkältungskrankheiten behandeln. Ebenso wie in der Akupunktur und Akupressur sollte die Behandlung mit Kräutern den Mensch oder das Tier aus einem Zustand der Disharmonie in ein Gleichgewicht seines Körpers und Geistes bringen. Die Symptome und die Ursache der Erkrankung werden mit einer individuellen Traditionellen Chinesischen Rezeptur behandelt.

Im Gegensatz zur Akupressur, die der Laie immer anwenden kann, braucht es zur Verschreibung einer Traditionellen Chinesischen Rezeptur fundiertes medizinisches Wissen über die Inhaltsstoffe, sonst kann eine massive Verschlechterung auftreten. Aus diesem Grund ist es nötig, die benötigte Rezeptur mit einem versierten Tierarzt, der in der Traditionellen Chinesischen Medizin bewandert ist, abzusprechen.

Es ist aber von Vorteil, wenn der Reiter eine Vorstellung von der Wirkung und der Zusammenstellung Traditioneller Chinesischer Rezepturen hat. Aus diesem Grund werden in diesem Kapitel die Grundlagen erläutert. Die individuelle Rezeptur für den jeweiligen Pferdetyp kann bei Disharmonien oder zur generellen Unterstützung des jeweiligen Typs gegeben werden.

ANWENDUNG DER CHINESISCHEN KRÄUTER

Chinesische Kräuter können bei allen Disharmonien und Erkrankungen gegeben werden. Pferde, die nach langer Erkrankung und Therapie in ihrer Energie schwach sind, können nicht allein mit Akupunktur behandelt werden, sondern brauchen den Zusatz von stärkenden und aufbauenden Kräutern. Alte Pferde werden optimal mit chinesischen Kräutern unterstutzt, um die Essenz zu stärken.

EIGENSCHAFTEN DER TCM-MISCHUNGEN

In den Rezepten der Traditionellen Chinesischen Medizin werden nicht nur Kräuter, sondern auch mineralische und tierische Bestandteile verarbeitet, z. B. Muscheln, Exkremente und Mineralien. Chinesische Kräuter stellen aber den Hauptanteil dar. Die TCM beurteilt die chinesischen Kräuter nach ihrem Temperaturverhalten, nach ihrer Wirkungsrichtung, nach ihrer Geschmacksrichtung, nach ihrem Meridian- und Organbezug und nach ihrer Wirkungsart.

DAS TEMPERATURVERHALTEN

Jede Kräuterpflanze hat eine thermische Wirkung. Sie kann heiß, warm, kühlend, kalt oder neutral wirken. Eine kühlende Pflanze lässt den Stoffwechsel verlangsamen, eine heiße Pflanze aktiviert dagegen.

BESTANDTEILE DER TCM-KRÄUTERREZEPTUREN

- Pflanzen
- Pilze
- Mineralien
- Insekten
- Exkremente
- Gestein

DIE WIRKUNGSRICHTUNG

Die chinesischen Kräuter können eine aufsteigende Wirkung entwickeln, dann wird der Kreislauf angeregt und aktive Energien werden entfaltet, zum Beispiel für den Nieren-Shen-Typ und den Milz-Pi-Typ. Eine absteigende Wirkung führt die Energien nach unten und ist eher beruhigend, z. B. für den Leber-Gan-Typ und den Herz-Xin-Typ.

Die Zutaten werden nach traditionellen Rezepturen zusammengestellt.

Fu ling, Poriae sclerotium coccos albare, Kiefernschwamm ist süß und neutral.

Bai Shao Yao, Peonia alba lactiflorae, weiße Pfingstrosenwurzel ist bitter, sauer und kühl.

DIE GESCHMACKSRICHTUNG

Der Geschmack einer Kräuterpflanze wird unterteilt in süß, sauer, scharf, bitter, salzig und neutral. Die Geschmacksrichtung kennzeichnet die Ebene im kranken Körper, in der eine Pflanze wirksam ist. Da diese Eindringungstiefe lokalisiert ist und wenig beeinflussbar ist, wird die Geschmacksrichtung als Yin-Aspekt der Pflanze und das Temperaturverhalten als Yang-Aspekt der Pflanze bezeichnet, weil das Temperaturverhalten z. B. durch Kochen verändert werden kann.

TRADITIONELLE STRATEGIEN

In der Qing-Dynastie (von 1644 – 1911) ordnete der Arzt Cheng Zhong-Ling in seinem traditionellen, altchinesischen Buch „Yi xue wu“ (englisch: Medical Relevation) die vielen praktizierten, unterschiedlichen Behandlungsmethoden in China in ein vereinfachtes Schema mit acht Behandlungsmethoden: Schwitzen, Erbrechen, Nach-unten-Ableiten, Harmonisieren, Wärmen,

Chen Pi, Citri reficulatae pericarpium, ist bitter, scharf, warm und absenkend.

Dang Gui, Angelica sinensis radix, chinesische Engelwurz ist süß, scharf und warm.

Beseitigen, Reduzieren, Tonisieren. Dieses Strategieschema nannte er die „Acht Methoden". Diese acht klassischen Einteilungen hatten großen Einfluss auf die traditionelle Medizin. Auch wenn zusätzliche Kategorien gebildet wurden, stellen die acht Methoden heute noch die Grundlagen für die Behandlung eines Patienten dar.

DIE ACHT TRADITIONELLEN METHODEN

SCHWITZEN

Kräuter, die zum Schwitzen führen, werden beim Pferd bei akuten, fiebrigen Atemwegserkrankungen angewendet. Das Lungen-Qi wird stimuliert und die äußeren Poren geöffnet, damit das Pferd schwitzen kann und die innere Hitze ableitet. Außerdem wird dadurch das Abwehr-Qi bewegt und kann gegen den eindringenden pathogenen Faktor kämpfen.

ERBRECHEN

Kräuter, die zum Erbrechen führen, leiten giftige Substanzen aus. Da die Pferde nicht erbrechen können, sind diese Kräuter in der Therapie nicht einsetzbar.

NACH-UNTEN-ABLEITEN

Kräuter, die nach unten ableiten, werden bei Verstopfung eingesetzt. Da sie sehr intensiv wirken, dürfen sie nicht über einen längeren Zeitraum angewendet werden.

HARMONISIEREN

Harmonisierende Kräuter regulieren die Funktionen der einzelnen Organe und ihre Beziehung untereinander. Sie sind besonders bei psychischen Disharmonien der Pferdetypen und bei chronischen Erkrankungen einzusetzen.

WÄRMEN

Schmerzen, die durch Kälte im Inneren oder durch Kälte in den Meridianen entstehen, und sich bei kaltem Wetter verschlimmern, werden durch wärmende Kräuter aufgehoben. Auch der Nieren-Shen-Typ braucht wärmende Kräuter, da er sehr schnell kalt wird und friert.

BESEITIGEN

Diese Kräuter werden auch als klärende Kräuter bezeichnet. Sie werden hauptsächlich zur Kühlung von Hitze eingesetzt. Blutungen im Verdauungsapparat oder in den Atemwegen können ebenso wie Infektionen behandelt werden.

REDUZIEREN

Reduzierende, verteilende oder sedierende Kräuter gehören zu dieser Kategorie. Sie behandeln alle Arten von Stagnation. Dazu gehören Qi-Stagnation, Blut-Stase, Schleimbildung, Parasiten und Verstopfung. Bei Tumoren werden diese Kräuter eingesetzt.

TONISIEREN

Tonisierende, anregende Kräuter stärken und vitalisieren die Meridiane und Organe im Körper, die schwach sind. In der Tiermedizin werden diese Kräuter sehr häufig angewendet und stärken alle Pferdetypen.

Bei vielen Erkrankungen wird nicht eine Methode allein angewendet, sondern verschiedene kombiniert. Zusätzlich wird die Behandlung mit Akupunktur ergänzt.

REZEPTUREN FÜR CHINESISCHE KRÄUTER

Die meisten der chinesischen Kräuter werden nicht einzeln, sondern in einer speziell auf den Krankheitsfall abgestimmten Kräuterrezeptur gefüttert.

ZUSAMMENSETZUNG DER REZEPTE

In der TCM werden Rezepturen nicht einfach als Sammlung einiger Inhaltsstoffe, deren Wirkungsweise sich potenziert, gesehen. Jede Pflanze hat ihre starke Wirkung, aber auch unangenehme Nebeneffekte. In einem TCM-Rezept werden die Arzneien sorgfältig aufeinander abgestimmt, um ihre Stärken zu betonen und ihre Nebenwirkungen so gering wie möglich zu halten. In der traditionellen chinesischen Gesellschaft war der gesellschaftliche Rang ausgesprochen wichtig. Am wichtigsten waren der Kaiser und sein Hofstaat. Die Wichtigkeit der Pflanzen in einem Rezept werden deshalb entsprechend der kaiserlichen Gesellschaft geordnet.

Während der Olympischen Spiele in Hongkong hatte ich Gelegenheit, eine traditionelle chinesische Kräuterapotheke zu besuchen.

Meine Kräuterwünsche wurden freundlich erfüllt.

TCM-REZEPTUR

1. Der Kaiser ist die Pflanze, die hauptsächlich auf die Erkrankung ausgerichtet ist und die intensivste Wirkung erzielt.
2. Der Minister hat zwei Funktionen. Er unterstützt den Kaiser bei seiner Wirkung auf die Haupterkrankung. Zusätzlich kann er als Hauptarznei gegen eine parallel auftretende Erkrankung eingesetzt werden.
3. Der Adjutant wird auch als Assistent bezeichnet und hat drei unterschiedliche Funktionen:

— Erstens kann er die Wirkung des Kaisers oder des Ministers auf die Erkrankung verstärken.

Zweitens vermindert oder eliminiert er die Nebenwirkungen der Kaiser- oder Ministerarznei.

— Drittens kann er eine dem Kaiser entgegengesetzte Wirkung darstellen, bei sehr schweren und lang andauernden Krankheiten.

4. Der Botschafter wird auch als Meldekraut bezeichnet. Er richtet die Wirkung einer Rezeptur nach oben oder unten oder auf einen bestimmten Meridian oder ein bestimmtes Organ.
5. Der Vermittler wird auch als Gesandter bezeichnet. Er harmonisiert und vereinigt die Wirkung der anderen Arzneien.

Nicht alle Rezepte weisen alle Bestandteile auf. Viele haben aber mehr als zehn Bestandteile. Manche Rezepte haben nur einen Kaiser mit zwei Ministerarzneien und keinen Adjutanten. Je schwerwiegender und chronischer eine Erkrankung, umso komplexer wird das Rezept gestaltet.

Dekokte stellen eine sehr ursprüngliche Form der Kräuterzubereitung dar.

DARREICHUNGSFORM UND DOSIERUNG DER ARZNEIEN

Die Arzneien können frisch, getrocknet, als Pulver schockgefroren, als gemahlenes Pulver, als Tinktur, Tee, Sirup, in Pillenform oder als Kapseln eingenommen werden. Die meisten Rezepte werden zwei Mal täglich verabreicht. Viele Pferde fressen sie in Pillenform aus der Hand, anderen verfüttert man die Rezeptur in angefeuchteter Kleie oder mit Müsli.

DEKOKTE

Die Arzneien werden als Tee oder Aufguss gekocht und dem Pferd lauwarm verfüttert. Man gibt die Rezeptbestandteile in einen Ton- oder Keramiktopf. Die zusätzlich benötigte Wassermenge variiert von Rezept zu Rezept. Als Faustregel gilt, dass die Wasseroberfläche 4 cm über den Kräutern sein sollte oder 300 ml Wasser pro 30 g Arzneien. Nachdem das Wasser aufgekocht ist, wird bei verringerter Hitze 20 – 30 Minuten weiter geköchelt. Die Zeiten können rezeptabhängig variieren. Anschließend wird die Flüssigkeit vom Satz getrennt und dem Pferd verabreicht. Ein Dekokt wirkt sehr schnell bei akuten Erkrankungen. Es ist aber sehr zeitaufwendig in der Zubereitung.

TINKTUREN

Arzneien können in ein Lösemittel (Alkohol oder Glycerin) eingelegt werden. Die Wirkstoffe verteilen sich in der Flüssigkeit und werden dem Tier verabreicht.

PULVER

Diese Darreichungsform wird beim Pferd am häufigsten angewendet. Die Arzneimittel werden in loser Pulverform, zu Pillen gedreht oder in Kapseln gefüllt, abgegeben. Die Vorteile eines Pulvers gegenüber einem Dekokt sind die praktische Darreichungsform und die lange Haltbarkeit, wenn sie trocken, dunkel und kühl gelagert werden.

ZEITDAUER DER ANWENDUNG

Wie lange eine Rezeptur angewendet wird, ist abhängig vom Krankheitsverlauf und muss mit dem Therapeuten abgesprochen werden. Verändert sich der Krankheitsverlauf, muss die Rezeptur angepasst werden.

NEBENWIRKUNGEN DER TCM-REZEPTUREN

Es muss eine korrekte Traditionelle Chinesische Diagnose vor der Bestimmung und Abgabe der Kräuter-Rezeptur gestellt werden. Die angegebene Dosierung sollte nicht überschritten werden, um Nebenwirkungen zu verhindern. Dabei ist zu beachten, dass die chinesischen Kräuter unterschiedlich intensiv und anhaltend wirken. Der Laie sollte die Probleme seines Pferdes und die Dosierung und Inhalte einer Rezeptur immer mit einem versierten TCM-Veterinär besprechen.

Tinkturen kann man über die Tränke verabreichen.

Pulver gibt es einfach gemahlen oder als Konzentrat.

KRÄUTERREZEPTUREN FÜR DIE FÜNF TRADITIONELLEN CHINESISCHEN PFERDETYPEN

Da die Disharmonien der Traditionellen Chinesischen Pferdetypen individuell behandelt werden müssen, gibt es natürlich keine fünf Fertigrezepturen für die Pferdetypen.
Ein Milz-Pi-Typ, der apathisch wird, braucht eine aufbauende Rezeptur. Zeigt dieses Pferd auch Rückenschmerzen, muss es eine andere Kräuterkombination erhalten. Die aufbauende Rezeptur ist nicht ausreichend. Eine falsch ausgesuchte chinesische Rezeptur kann alle Symptome verschlechtern. Eine Erstverschlimmerung, wie in der Homöopathie, gibt es nicht.
In der Harmonisierung der Traditionellen Chinesischen Pferdetypen werden in den Rezepturen bestimmte Einzelkräuter bevorzugt. Diese „Kaiserkräuter“ gegen die Disharmonien der Pferdetypen werden im Folgenden mit einer Basisrezeptur beschrieben, um einen Einblick zu geben. Diese Basisrezepturen werden verändert durch Zumischen von weiteren Pflanzen, die stärkeren Einfluss auf den Geist und die Verhaltensprobleme haben. Zur Gabe der Kräuterrezepturen wird außerdem täglich der entsprechende „psychische“ Akupunkturpunkt der Traditionellen Chinesischen Pferdetypen akupressiert.

DER LEBER-GAN-TYP

Der Leber-Gan-Typ entwickelt in einer Disharmonie immer eine Leber-Qi-Stagnation, die sich körperlich in Muskelverspannungen und psychisch in Reizbarkeit ausdrückt. Basisrezepturen, die den Leber-Gan-Typ harmonisieren, enthalten das Kaiserkraut „Chai Hu“, Radix Bupleuri, in Deutsch Chinesisches Hasenohr. Die Wurzel der Pflanze bewegt das Leber-Qi aufgrund ihrer Eigenschaften: bitter, scharf, kühl und Oberfläche befreiend.
Die Wurzel wird gemahlen, roh verfüttert oder gekocht im Dekokt verabreicht. Chai Hu sollte nie einzeln, sondern nur in Rezepturen verabreicht werden, da es, wie oben beschrieben, Minister, Adjutanten und Gesandte braucht, um seine Wirkung zu optimieren und Nebenwirkungen abzufangen. Ein Grundrezept für den Leber-Gan-Typ stellt das Xiao Yao San – Das Pulver der Heiteren Gelassenheit dar. Es wird immer individuell verändert, indem Einzelkräuter hinzugefügt oder weggenommen werden, abhängig von den Problemen des Leber-Gan-Typs.
Leber 3 ist der Akupressurpunkt zum psychischen Ausgleich des Leber-Gan-Typs.

☞ XIAO YAO SAN – PULVER DER HEITEREN GELASSENHEIT

INHALTSSTOFFE	CHINESISCH	LATEINISCH	WIRKUNG
Kaiser	Chai Hu	Rx Bupleuri	bitter/scharf/kühl
Minister	Bai Shao Yao	Rx Paeonia Albae	sauer/bitter/kühl
Minister	Dang Gui	Rx Angelica Sinensis	süß/scharf/bitter
Adjutant	Bai Zhu	Rz Atractylodes macro.	bitter/süß/stärkt Milz
Adjutant	Fu Ling	Poria cocos	süß/neutral/Nässe eliminierend
Vermittler	Zhi Gan Cao	Rx Glycyrrhizae praep.	süß/neutral/tonisiert Qi

DER NIEREN-SHEN-TYP

Der Nieren-Shen-Typ entwickelt in einer Disharmonie Ängstlichkeit und Schreckhaftigkeit. Körperlich friert er schnell und neigt bei Erkrankungen zu einem chronischen Verlauf. Rezepturen, die helfen, bauen den Nieren-Shen-Typ auf. Die Rezepturen beinhalten die präparierte Kaiserwurzel „Shu Di Huang", Radix et Rhizoma Rhemanniae praeparata, auf Deutsch Chinesischer Fingerhut.

Shu Di Huang ist warm, neutral, leicht süß. Die Wurzel ist eine der wichtigsten Pflanzen zum Nähren und Auffüllen von Blut und Yin. Die Wurzel wird gemahlen, roh verfüttert oder gekocht im Dekokt verabreicht.

Die Wurzel des Chinesischen Fingerhuts wird in der Rezeptur verwendet.

Die Wurzel Shu Di Huang ist der Kaiser dieser Rezeptur.

Shu Di Huang darf nicht einzeln verabreicht werden, weil nährende Kräuter schwer verdaulich sind und einzeln genommen den Verdauungstrakt belasten.
Das Grundrezept für den Nieren-Shen-Typ stellt die Rezeptur Liu Wei Di Huang Wan – Rehmannia Pille der sechs Geschmacksrichtungen dar. Dies ist die Basisrezeptur zur Unterstützung der Niere. Es wird immer individuell verändert, indem Einzelkräuter hinzugefügt oder weggenommen werden, abhängig von den Problemen des Nieren-Shen-Typs.
Niere 3 ist der Akupressurpunkt zum psychischen Ausgleich des Nieren-Shen-Typs.

☞ LIU WEI DI HUANG WAN – REHMANNIA PILLE DER SECHS GESCHMACKSRICHTUNGEN

INHALTSSTOFFE	CHINESISCH	LATEINISCH	WIRKUNG
Kaiser	Shu Di Huang	R.Rehmannia	leicht warm / neutral / süß
Minister	Shan Zhu Yu	Fr.Cornus	warm / adstringierend / sauer
Minister	Mu Dan P	Cortex Moutan	kühl / bitter / scharf
Adjutant	Shan Yao	Rh. Dioscorea	neutral / süß
Adjutant	Ze Xie	Rh. Alisma	kalt neutral / süß
Vermittler	Fu Ling	Poria cocos	neutral / süß

☞ SI JUN ZI TANG – VIER HERREN DEKOKT

INHALTSSTOFFE	CHINESISCH	LATEINISCH	WIRKUNG
Kaiser	Ren Shen	R. Ginseng	süß / bitter / leicht warm
Minister	Bai Shu	Rh. Atractylodes macrocephalae	süß / bitter / warm
Assistent	Fu ling	Poria cocos	süß / neutral
Vermittler	Gan Cao	Radix Glycyrrhizae	süß / neutral

DER MILZ-PI-TYP

Der Milz-Pi-Typ entwickelt in einer Disharmonie häufig Apathie und Vitalitätsverlust und Entzündungen im Magen-Darm-Bereich. Bei geistiger und körperlicher Überforderung baut der gemütliche Milz-Pi-Typ ab und wird lethargisch. Ein wichtiges Alarmzeichen ist die Fressunlust beim immer appetitfreudigen, harmonischen Milz-Pi-Typ.
Rezepturen, die helfen, bauen den Milz-Pi-Typ auf. Sie beinhalten die Kaiserwurzel „Ren Shen", auf Deutsch Radix Ginseng. Ren Shen ist süß, bitter, warm.
Die Wurzel ist eine der bekanntesten, sagenumwobenen chinesischen Heilpflanzen und wird in der westlichen Welt häufig als Allheilmittel angesehen. Ginsengwurzel führt aber, einzeln aufgenommen, zu Ödemen und Bluthochdruck. Sie vitalisiert und ist ein großartiges Aufbaumittel bei Qi-Mangel, wenn sie innerhalb einer Rezeptur verabreicht wird. Die Wurzel wird gemahlen, roh verfüttert oder gekocht im Dekokt verabreicht.
Das Grundrezept für den Milz-Pi-Typ stellt die Rezeptur Si Jun Zi Tang – Vier Herren Dekokt dar. Dies ist die Basisrezeptur zur Unterstützung der Milz. Sie wird immer individuell verändert, indem Einzelkräuter hinzugefügt oder weggenommen werden, abhängig von den Problemen des Milz-Pi-Typs.
Mp 6 ist der psychische Akupressurpunkt des Milz-Pi-Typs.

Ren Shen wird gerne als Geschenk überreicht.

DER HERZ-XIN-TYP

Der Herz-Xin-Typ entwickelt in einer Disharmonie Panik und Selbstverletzungsgefahr. Die Rezepturen beinhalten die Kaiserpflanze

Suan Zao Ren ist der Kaiser.

„Suan Zao Ren", Semen Zizyphi spinosae, auf Deutsch Saurer Chinesischer Dattelsamen, auch Brustbeerbaumsamen. Suan Zao Ren ist süß, sauer, neutral.
Der Saure Chinesische Dattelsamen wirkt auf den Geist beruhigend, indem das Herz-Xin wieder stabil wird und dem Geist ein Zuhause bietet. Suan Zao Ren wird roh verfüttert oder gekocht in einem Dekokt verabreicht.
Das Grundrezept für den Herz-Xin-Typ stellt die Rezeptur Suan Zao Ren Tang dar. Das Semen Zizyphus Dekokt ist ein klassisches und in seinem Aufbau sehr klares Dekokt bei geistiger Unruhe und plötzlicher Panik. Diese Basisrezeptur wird immer individuell verändert, indem Einzelkräuter hinzugefügt oder weggenommen werden, abhängig von den Problemen des Herz-Xin-Typs.

☞ **SUAN ZAO REN TANG** – SEMEN ZIZYPHI DEKOKT

INHALTSSTOFFE	CHINESISCH	LATEINISCH	WIRKUNG
Kaiser	Suan Zao Ren	Semen Zizyphi	süß / sauer / neutral
Minister	Chuan Xiong	Rh. Ligustici	scharf / warm
Adjutant	Fu Ling	Poria cocos	süß / neutral
Adjutant	Zhi Mu	Rh.Anemarrhenae	süß / bitter / kalt
Vermittler	Gan Cao	R. Glycyrrhizae	süß / neutral

☞ **BU FEI SAN** – PULVER DAS DER LUNGE HILFT UND DEN HUSTEN STOPPT

INHALTSSTOFFE	CHINESISCH	LATEINISCH	WIRKUNG
Kaiser	Zi Wan	Radix asteris	bitter / scharf / warm
Minister	Huang Qi	R.astragalus	süß / warm
Minister	Dang Shen	R.codonopsis	süß / neutral
Minister	Sang Bai Pi	Cortex mulberry	süß / kalt
Minister	Shu Di Huang	R. Rehmannia prep.	süß / warm
Adjutant	Wu Wei Zi	Fructus.schisandra	sauer / warm

DER LUNGEN-FEI-TYP

Der Lungen-Fei-Typ entwickelt bei einer Disharmonie körperliche Probleme. Erkrankungen der Lunge sind häufig. Es entsteht ein Leistungseinbruch. Rezepturen vitalisieren den Lungen-Fei-Typ. Die Rezepturen beinhalten die Kaiserwurzel „Zi Wan", Radix Asteris tatarici, auf Deutsch Tataren Asternwurzel.
Zi Wan ist bitter, scharf, warm und auf die Lunge ausgerichtet. Die Wurzel wird gemahlen, roh verfüttert oder gekocht im Dekokt verabreicht. Das Grundrezept für den Lungen-Fei-Typ stellt die Rezeptur „Bu Fei San" dar. Dies ist die Basisrezeptur zur Unterstützung des Lungen-Fei-Typs. Diese wird immer individuell verändert, indem Einzelkräuter hinzugefügt oder weggenommen werden, abhängig von den Problemen des Lungen-Fei-Typs.

Keine Rezeptur ersetzt den sozialen Kontakt.

SERVICE
— *zu guter Letzt*

ZUM WEITERLESEN

Gösmeier, Dr. med. vet. Ina: **Akupressur für Pferde,** Wirkung und Anwendung; KOSMOS 2016
Akupressur wirkt nach denselben Kriterien wie die Akupunktur, ist aber auch für medizinische Laien zu erlernen und anzuwenden. Die sanfte Heilmethode dient der Gesunderhaltung des Pferdes, wirkt bei leichten Erkrankungen und hilft bei alltäglichen Problemen wie Ängstlichkeit oder Muskelverspannungen.

Higgins, Gillian: **Anatomie, Gymnastizierung, Muskelaufbau,** Die besten Übungen am Boden; KOSMOS 2017
Die Erfolgsautorin beschreibt auf ihre gewohnt anschauliche Art die besten Boden-Übungen zur Gymnastizierung und zum Muskelaufbau des Pferdes. So bleibt der Pferderücken gesund und locker. Mit klar strukturiertem Seitenaufbau, prägnanten Texten und Fotos zu jedem Übungsschritt. Extra: Anatomische Übersichten von Skelett und Muskulatur. Das Plus zum Buch: Die kostenlose KOSMOS-PLUS-App mit Filmen zu ausgewählten Übungen.

Klimke, Ingrid / Klimke, Reiner: **Cavaletti – Dressur und Springen;** KOSMOS 2018
Ein wichtiger Grundstein für den Erfolg von Ingrid Klimke ist die Cavaletti-Arbeit. Dieser Ratgeber zeigt die Cavaletti-Arbeit an der Longe, liefert wertvolle neue Anregungen für die Dressurarbeit sowie zahlreiche aktualisierte Aufbauskizzen für die Springgymnastik. Neben der Gymnastizierung des Pferdes und der damit verbundenen Verbesserung der Gangarten bringt Cavaletti-Arbeit Spaß und Abwechslung in den Trainingsalltag.

Klimke, Ingrid / Klimke, Reiner: **Grundausbildung des jungen Reitpferdes,** Dressur, Springen, Gelände; KOSMOS 2019
Der Name Klimke steht für eine pferdegerechte und vielseitige Ausbildung. Die ersten Monate und Jahre unter dem Sattel legen den Grundstein für die Zukunft eines Reitpferdes. Jedes Pferd, ob es im Sport eingesetzt oder in der Freizeit geritten wird, braucht eine solide und fundierte Grundausbildung, damit es seine Aufgaben unter dem Reiter zuverlässig, motiviert und bei bester Gesundheit erfüllen kann. Kein Buch beschreibt die Grundausbildung junger Reitpferde so fundiert wie dieser Klassiker.

Klimke, Ingrid: **Reite zu Deiner Freude,** Grundsätze meiner Pferdeausbildung; KOSMOS 2016
Ingrid Klimke stellt erstmals ihre Trainingsphilosophie vor. Die Basis bilden Vielseitigkeit und Abwechslung wie Cavaletti-Arbeit, Dressur, Springen und Reiten im Gelände. Am Beispiel ihrer eigenen Pferde gibt sie wertvolle Tipps zur Förderung des jeweiligen Pferdecharakters.

Ochsenbauer, Ute: **Homöopathie für Pferde,** Pferdegesundheit kompakt; KOSMOS 2012
Im akuten Krankheitsfall hilft dieser Kompaktratgeber dem Pferdebesitzer bei der schnellen und sicheren Diagnose, der Wahl des passenden homöopathischen Mittels und der richtigen Verabreichung. Übersichtliche Kapiteleinteilung nach Körperbereichen, Gliederung nach Symptomen, schnelle Informationsentnahme durch tabellarischen Aufbau, ausführliche Übersicht „Homöopathische Mittel von A – Z".

Schulte-Wien, Beatrix; Keller, Irina: **Osteopathie für Pferde,** Wissen, Spüren, Behandeln; KOSMOS 2019
Bewegungsprobleme beim Pferd werden oft nicht erkannt oder falsch beurteilt und können schnell zu dauerhaften Schäden führen. Deutschlands bekannteste Pferde-Osteotherapeutin Beatrix Schulte-Wien zeigt in ihrem Buch, wie man sein Pferd mithilfe der Osteopathie gesund und leistungsfähig erhalten kann.

Wild, Jenny; Claßen, Peer: **Übungsbuch Natural Horsemanship;** KOSMOS 2015
Pferde sind von Natur aus nicht für die moderne Welt der Menschen geschaffen: Lärm und Hektik, wenig Platz – all das verängstigt sie. Es liegt in der Verantwortung des Menschen, dem Pferd Sicherheit und Vertrauen zu geben, sodass die gemeinsamen Unternehmungen harmonisch ablaufen können. Das Rüstzeug hierfür bietet dieses Buch: Es enthält alle grundlegenden Übungen der Kommunikation am Boden. So lernen Mensch und Pferd, wie Klarheit beim gemeinsamen Tun zu einer tiefen Verbindung führt.

Wild, Jenny; Claßen, Peer: **Die Persönlichkeit meines Pferdes,** Mit Typbestimmung und passenden Übungen; KOSMOS 2019
Jedes Pferd ist eine einzigartige Persönlichkeit. Wenn wir den Persönlichkeitstyp unseres Pferdes kennen, fällt es uns leichter, es zu verstehen und in bestimmten Situationen richtig zu handeln. Dieser praktische Ratgeber beschreibt vier Grundpferdetypen, erklärt, wie man das Verhalten seines Pferdes richtig deutet, und zeigt Übungen, die es typgerecht fördern.

REGISTER

BILDNACHWEIS

Meike Bölts (23): S. 8, 14, 15, 16, 20 u. li, 23, 26 o., 28 li., 35, 39 re., 42 mi., 55 li., re., 61 o. re., 84, 107, 109 o., u., 110 li., re., 129; Dr. Ina Gösmeier (39): S. 13, 17 u. re., 20 o.li., o. re., mi. li., mi. re.,u. mi., u. re., 27 o., 36 o., 42 li., re., 47 u., 54, 57 li., re., 60, 69, 70 o., u., 71 li., re., 77 u., 81 o. li., o. re., 112, 116, 118 o. li., o. re, u. li., u. re., 120, 121, 122, 123 li., re., 126, 127, 128; Sabine Heüveldop (50): S. 2, 3, 6, 7, 9, 10, 17 o., 18, 21 o., u., 22, 24, 25 li., re., 27 u., 29, 32, 33 o. mi., u., 34 li., re., 36 u., 38 li., re., 39 o. li., u. li, u. re., 43, 46, 47 o., 49, 50, 56, 62 o., 64 o., u. li., 72, 76, 78 o., 90, 92, 93, 95 o.li., re., u., 96 o., u., 125; Cornelia Höchstetter (6): S. 26 u., 102, 103 li., re., 104 o., u.; Maren Leichhauer / KOSMOS (49): S. 3 li., 17 u. li., 28 re., 31, 41, 45, 54 li., re., 59 u. re., 62 u., 63, 64 u. re., 65, 66 li., re., 67 li., re., 68, 74 li., re., 75 o., u., 77 o., 78 u., 79, 80, 81 u., 82, 83 o. li, o. re., 85, 86, 87, 88, 89, 90, 91, 97, 98, 99 li., re., 100 li., re., 101, 105, 106, 108, 111, 113; Maresa Mader / KOSMOS (3): S. 11, 130; Nicole Schick (1): S. 73; Shutterstock (3): S. 114 PuzzlePix, 115 JinningLi, 117 Pixabay; Christiane Slawik (1): S. 136; Horst Streitferdt / KOSMOS (3): S. 4, 5, 52; Inge Vogel (1): S. 51.

Mit zwei Farbillustrationen von Matthias Radzuweit S. 12 und Sabine Heüveldop S. 19.

IMPRESSUM

Umschlaggestaltung von Jorge Schmidt unter Verwendung von einem Farbfoto von Maren Leichhauer / KOSMOS (U1) und einem Farbfoto von Christiane Slawik (U4). Klappengestaltung von Atelier Krohmer unter Verwendung von 1 Farbfoto von Dr. Ina Gösmeier (Innenklappe hinten), 1 Farbfoto und 1 Farbillustration von Sabine Heüveldop (Innenklappe hinten), 7 Farbfotos von Maren Leichhauer / KOSMOS (Autorenfoto Außenklappe hinten, Innenklappe vorne, Innenklappe hinten), 1 Farbfoto von Maresa Mader / KOSMOS (großes Foto Außenklappe vorne), 1 Farbfoto von Shutterstock / PuzzlePix, 1 Farbfoto von Horst Streitferdt / KOSMOS (Innenklappe vorne).

Mit 178 Farbfotos und zwei Farbillustrationen

Alle Angaben und Methoden in diesem Buch sind sorgfältig recherchiert, erwogen und geprüft. Sie entbinden den Pferdefreund nicht von der Eigenverantwortung für sein Tier und sich selbst. Die Anwendung der beschriebenen Methoden liegt in eigener Verantwortung. Der Verlag und die Autorin übernehmen keine Haftung für Personen-, Sach- oder Vermögensschäden, die aus der Anwendung der vorgestellten Materialien und Methoden entstehen.

Unser gesamtes Programm finden Sie unter **kosmos.de**.
Über Neuigkeiten informieren Sie regelmäßig unsere Newsletter, einfach anmelden unter **kosmos.de/newsletter**

Gedruckt auf chlorfrei gebleichtem Papier

ISBN 978-3-440-15498-4
Redaktion: Alexandra Haungs
Gestaltungskonzept: Peter Schmidt Group GmbH, Hamburg
Gestaltung und Satz: Atelier Krohmer, Dettingen/Erms
Produktion: Claudia Frank
Druck und Bindung: Westermann Druck Zwickau GmbH, Zwickau
Printed in Germany / Imprimé en Allemagne